Opgavesamling til PLC programmering

FORORD

Jeg er glad for, at jeg nu for tredje gang har mulighed for at udgive en fagbog om PLC-styring. Denne gang er det en samling af opgaver, der kan bruges til at lære programmering i en PLC.

Gennem de 7 år jeg har undervist i PLC styring på Automationsteknolog uddannelsen (en 2-årig videregående uddannelse) hos Erhvervsakademi Dania i Randers, har jeg udviklet mange opgaver. De bedste af de opgaver er nu samlet i denne bog.

Vidensgrundlag
Idéerne til opgaverne har jeg få gennem besøg på en lang række messer, nyheder på de sociale medier, litteratur om automation samt de studerendes eksamensprojekter. Desuden jeg har hentet inspiration fra min erhvervserfaring inden for programmering.

Valg af opgaver til bogen
Jeg har udvalgt de opgaver til bogen, som jeg mener giver god læring inden for PLC programmering og som mine studerende synes er spændende.
Jeg har brugt lang tid på at udvikle opgaverne for at sikre, at opgaverne dækker mange forskellige faglige udfordringer og aspekter inden for PLC-programmering.
Bogen er pædagogisk og didaktisk opbygget med mere end 150 illustrationer og tabeller, hvilket betyder, at der er en progression i læringen gennem bogen, og derfor er opgaverne stigende i sværhedsgrad.

Jeg har desværre ikke mulighed for hjælpe med eller levere løsningsforslag til opgaverne, men kommentarer, ris og ros samt forslag til forbedringer modtages meget gerne på mail: TomMejerAntonsen@gmail.com

Jeg har tidligere udgivet fagbøgerne:

”**PLC styring med ”Structured Text (ST)**”, første udgave 2018

”**PLC styring med ”Ladder Diagram (LD)**”, første udgave 2021

Disse fagbøger bliver i dag brugt på en lang række uddannelser, og mange virksomheder har købt bøger til deres medarbejdere. Der kan naturligvis findes tips til nogle af opgaverne i fagbøgerne.

Tak til studerende for review, feedback og inspiration.

Jeg håber du bliver glad for bogen.

God fornøjelse!

Tom Mejer Antonsen
Randers, februar 2024

Tom Mejer Antonsen

Opgavesamling til PLC programmering

100 opgaver i programmering fra begynder til ekspertniveau

1. udgave, marts 2024

Illustrationer: ***Tom Mejer Antonsen***

Forlag: BoD – Books on Demand, Hellerup, Danmark
Tryk: BoD – Books on Demand, Norderstedt, Tyskland

ISBN: 978-87-4305-749-9

Indholdsfortegnelse

1 Indledning

Denne bog indeholder opgaver til Programmerbare Logiske Controllere (PLC).

Bogen er pædagogisk opbygget, så der startes med simple programmeringsopgaver som kun indeholder logik (relæ logik med tænd/sluk signaler). Herefter tilføjes flere programmeringsteknikker som betyder at opgaverne har stigende sværhedsgrad. Det betyder at der efter de simple opgaver med logik, kommer opgaver med tællere, timere, analoge sensorer, anvendt matematik, ARRAY, STRUCT og STRING.

Bogen indeholder også opgaver hvor der skal programmeres en sikkerheds-PLC samt opgaver med komponentnavngivning, programmering af funktioner og funktionsblokke, sekvensteknik, manuel/automatisk drift, integration til en robot, CNC-maskine, frekvensomformer eller et visionkamera.

Det sidste kapitel er blandede komplekse opgaver hvor alle programmeringsteknikker kombineres. Der er f.eks. opgaver til pakkelinjer og dataopsamling samt opgaver hvor der skal vælges sensorer og skrives styringsspecifikation inden programmeringen. Opgaverne er udvalgt så de er relevante, spændende, praksisnære, og realistiske i forhold til de typiske udfordringer, der kan være med programmering til PLC.

Kom i gang med opgaverne

Hvis du er nybegynder i PLC-programmering, anbefales det at starte med de første opgaver i bogen. De første opgaver er på begynderniveau og giver en god introduktion til programmering i en PLC. De mere krævende opgaver længere fremme i bogen kan du gå til, når du har fået mere erfaring.

Valg af PLC type og programmeringssprog

Opgaverne kan løses i alle typer PLC, uanset mærke eller model. På samme måde er der ikke krav om at bruge et bestemt PLC programmeringssprog. Det vil give meget læring, at løse opgaverne i flere forskellige PLC programmeringssprog. F.eks. opgaven kan først programmeres i Ladder Diagram og dernæst i Struktureret Tekst. Nogle opgaver vil naturligvis være mere egnet til et bestemt programmeringssprog, og det er derfor op til den enkelte selv at vælge det mest egnede programmeringssprog. På samme måde er nogle opgaver egnet til at benytte sekvensteknik og udvikle egne funktioner eller funktionsblokke.

Målgruppe for bogen

Bogen er primært udarbejdet til brug på den 2-årige videregående fuldtidsuddannelse Automationsteknolog og deltidsuddannelsen Automation og Drift. Men bogen er naturligvis også velegnet på de mange uddannelser der indeholder PLC programmering og automation, som f.eks. uddannelserne til elektriker og automatiktekniker samt de videregående uddannelser til maskinmester og ingeniør.

Der gives ingen garanti, support eller løsningsforslag til opgaverne i bogen.

2 Opgaver med logik

Dette kapitel indeholder opgaver med logiske kredsløb, hvor de indledende opgaver er begynder opgaver. Senere i kapitlet vil der komme mere udfordrende opgaver. Alle opgaverne kan løses ved brug af relæteknik (tænd/sluk signal, on/off signal).

2.1 Tænd lys i lampe med trykkontakt

Denne opgave har en trykkontakt **S1** og en lampe **P1** som er forbundet til en PLC:

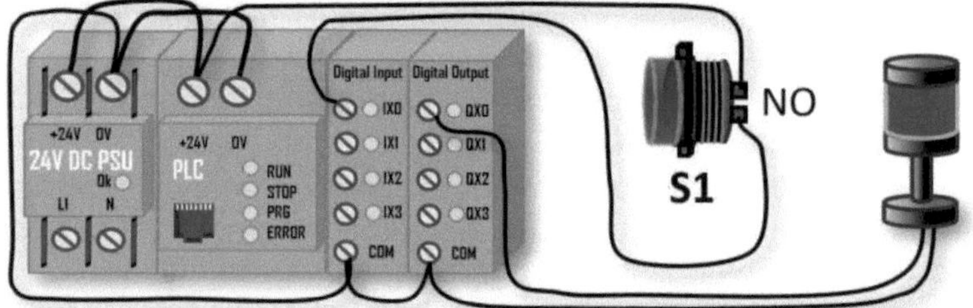

Trykkontakten er forbundet til en digital indgang, og lampen er forbundet til en digital udgang. Trykkontakten er en Normally Open (NO) kontakt.

Skriv et program, der opfylder disse krav:

- Lampen **P1** er tændt, når der er trykket på **S1.**
- Lampen **P1** skal være slukket, når der ikke bliver trykket på **S1**.

2.2 Tænd lys i lampe med to trykkontakter

Her er to trykkontakter og en lampe forbundet til en PLC:

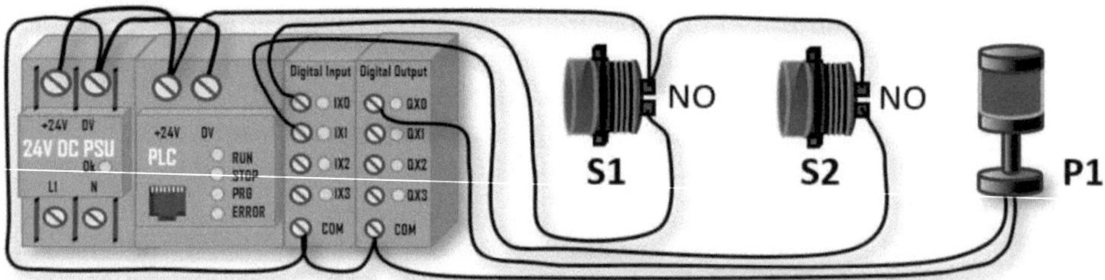

Begge trykkontakter er en Normally Open (NO) kontakt.

De to trykkontakter er forbundet til hver deres digitale indgang, og lampen er forbundet til en digital udgang.

Skriv et program hvor lampen **P1** er tændt, når der trykkes på **S1** og **S2** samtidig. Hvis der ikke trykkes på begge trykkontakter samtidig, skal lampen være slukket.

2.3 Sluk lys i lampe med trykkontakt

Her er en trykkontakt og en lampe forbundet til en PLC:

Der er lys i lampen.

Trykkontakten er en Normally Open (NO) kontakt.

Skriv et program, der opfylder disse krav:

- Når der er trykket på **S2**, skal lampen **P2** være slukket.
- Når der ikke er trykket på **S2**, skal lampen være tændt.

2.4 Tænd lys med en af de to trykkontakter

Denne opgave har to trykkontakter og en lampe forbundet til en PLC:

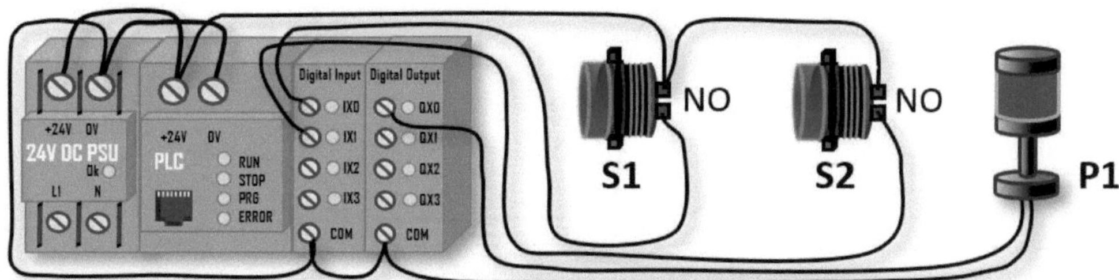

Begge trykkontakter er en Normally Open (NO) kontakt.

Skriv et program hvor lampen **P1** er tændt, når der enten er trykket på trykkontakten **S1** eller på trykkontakten **S2**.

2.5 Tænd to lamper med en drejekontakt

I denne opgave er en drejeomskifter forbundet til en digital indgang, og to lamper er forbundet til hver sin digitale udgang:

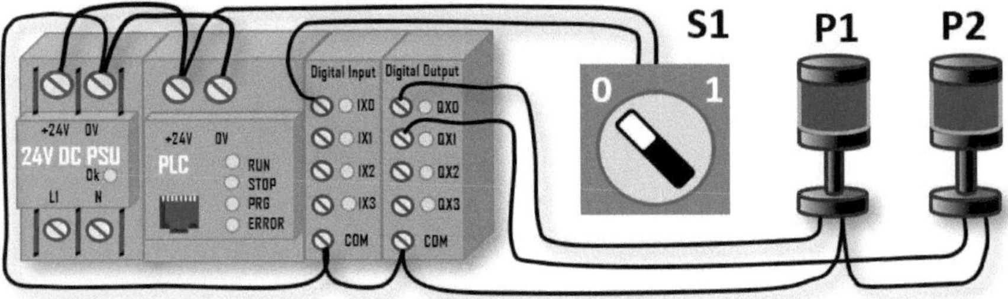

Skriv et program, der virker på følgende måde:

- Hvis drejeomskifter **S1** er i position "1" (on) skal begge lamper være tændte.
- Hvis drejeomskifter **S1** er i position "0" (off) skal begge lamper være slukket.

2.6 Tænd og sluk lamper med en trykkontakt

Denne opgave har en trykkontakt og to lamper forbundet til en PLC:

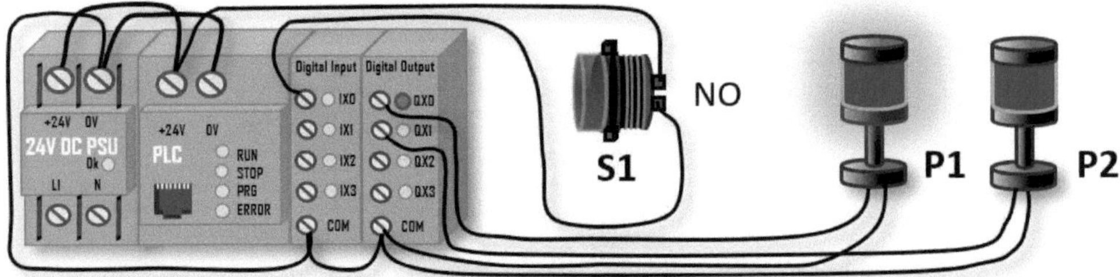

Den ene lampe **P1** er tændt.

Skriv et program, der har følgende virkemåde:

- Når der er trykket på kontakten **S1** skal lampen **P1** være slukket og lampen **P2** skal være tændt.
- Når der ikke er trykket på kontakten **S1**, skal lampen **P1** være tændt og lampen **P2** være slukket.

2.7 Tænd lampe med to trykkontakter (NO, NC)

Her er to manuelle kontakter **S1** og **S2** samt en lampe **P1** forbundet til en PLC:

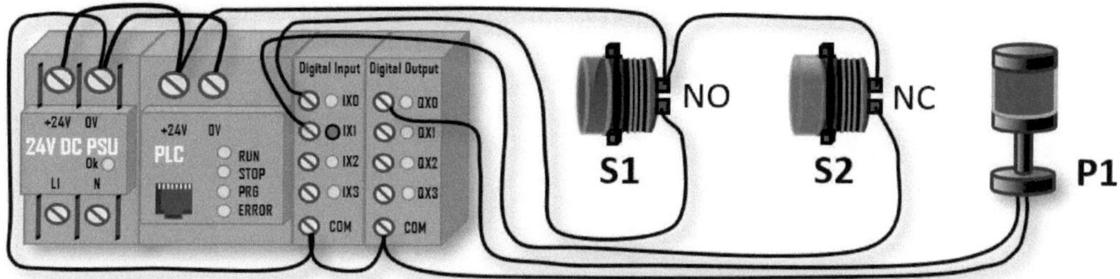

Trykkontakten **S1** er en Normally Open (NO) kontakt.
Trykkontakten **S2** er en Normally Closed (NC) kontakt.

Skriv et program, der virker på følgende måde:

- Lampen **P1** skal være tændt, hvis der trykkes på enten **S1** eller **S2**.
- Hvis der bliver trykket på både **S1** og **S2** samtidig, skal lampen **P1** være tændt.

2.8 Tænd lampetårn med to trykkontakter

Her er to manuelle trykkontakter og et lampetårn med tre lamper forbundet til en PLC:

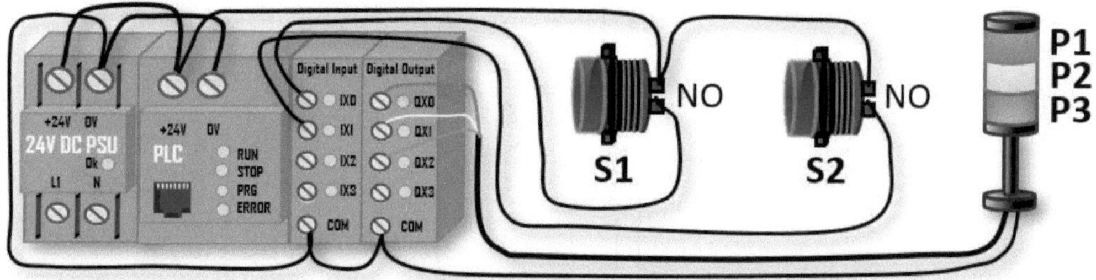

Skriv et program, som virker på følgende måde:

- Ved tryk på kontakten **S1**, skal der være lys i lampen **P1.**
- Ved tryk på kontakten **S2**, skal der være lys i lampen **P2**.
- Ved tryk på begge kontakter samtidig, må der ikke være lys i **P1** eller **P2**.
- Ved tryk på begge kontakter samtidig, skal der skal være lys i lampen **P3**.

2.9 Tænd lampetårn med en drejeomskifter

Denne opgave indeholder en manuel drejeomskifter, der kan have fire forskellige indstillinger. De fire indstillinger hedder **S0**, **S1**, **S2** eller **S3** og er forbundet til hver sin digitale indgang på PLC. Der er desuden et lampetårn med tre lamper:

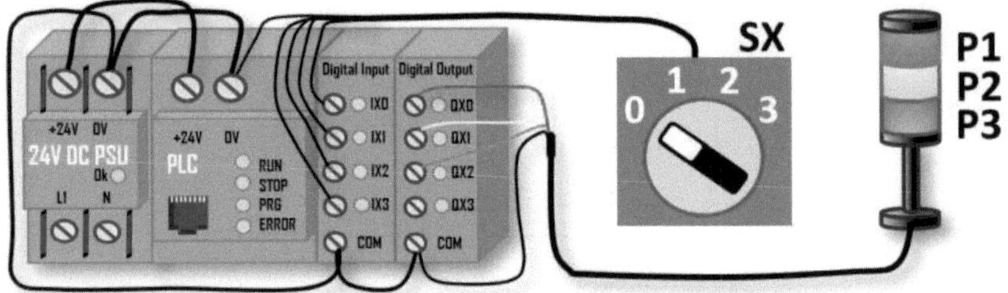

Skriv et PLC program som virker på følgende måde:

Indstillingen af drejeomskifter har følgende betydning for lyset i lampetårnet:

- Indstilling 0: Alle tre lamper skal være slukket (som vist på billede).
- Indstilling 1: Kun lampe **P1** skal være tændt.
- Indstilling 2: Kun lampe **P2** skal være tændt.
- Indstilling 3: Alle tre lamper skal være tændt.

2.10 Programmering af selv-hold

I denne opgave er der forbundet to trykkontakter og en lampe til en PLC:

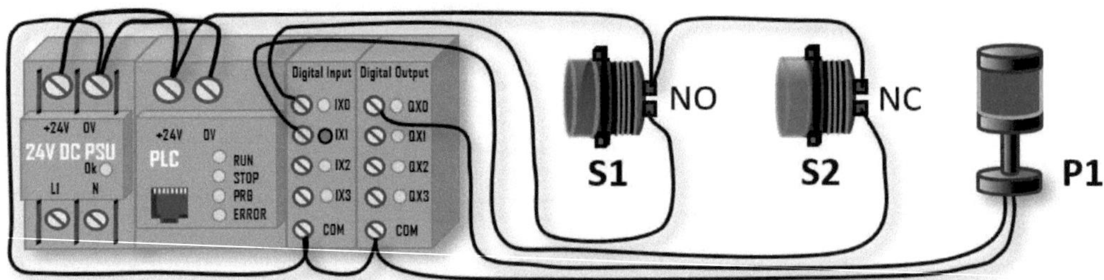

Trykkontakten **S1** er en Normally Open (NO) kontakt.
Trykkontakten **S2** er en Normally Closed (NC) kontakt.

Skriv et PLC program der virker på følgende måde:

Lampen **P1** skal tænde når der trykkes på **S1**. Lampen skal være tændt selvom der ikke mere er trykket på **S1**. Når der trykkes på **S2** skal lampen **P1** slukkes. Dette er en grundlæggende funktion i en PLC og kaldes for selv-hold.

2.11 Pakke på transportbånd

I denne opgave skal du skrive et PLC program til at styre et transportbånd.

Illustration af transportbånd:

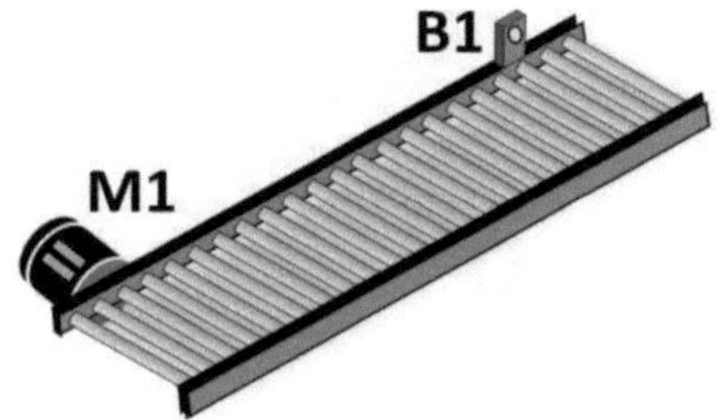

Beskrivelse

Opstillingen består af et transportbånd, der er styret af en motor **M1**. Motoren kører når den får et digitalt signal **TRUE** fra PLC og stopper når det digitale signal er **FALSE.**

Transportbåndet har en sensor **B1** som giver et **TRUE** signal, når der er en pakke ud for sensoren. Når der ingen pakke er, giver sensoren et **FALSE** signal.

Der er en drejeomskifter **S1**, som bruges til at starte og stoppe transportbåndet.

De to drift-situationer er vist herunder:

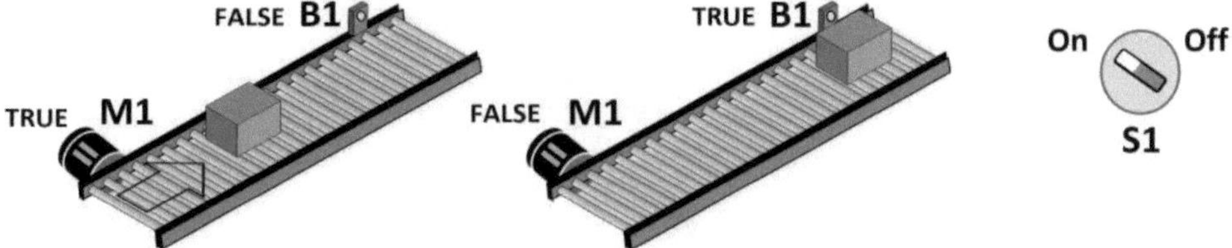

Virkemåde

Drejeomskifter **S1** bruges til at tænde (køre) og slukke (stoppe) for transportbåndet.

Der kommer pakker på transportbåndet og når sensor **B1** aktiveres af en pakke skal transportbånd stoppe, så pakken ikke falder af transportbåndet og ned på gulvet.

Når en operatør har fjernet pakken, som er stoppet ved sensor **B1**, skal båndet køre igen, så der kan komme en ny pakke.

Opgave

Skriv et PLC program ud fra beskrivelsen.

2.12 Løftebord til paller

I denne opgave skal du skrive et program til et løftebord:

Formål

Løftebordet kan løfte en palle op til arbejdshøjde, så medarbejdere kan tage varerne som ligger på pallen, uden at skulle bukke sig ned. Dette giver et godt arbejdsmiljø.

Beskrivelse

Det er en aktuator **M1** (en motor cylinder) som kører løftebordet op og ned. Løftebordet er betjent af et fodpanel. Løftebordet kører op, når kontakten **S2** holdes nede og kører ned når kontakten **S1** holdes nede. En sensor **B2** giver **TRUE** signal når løftebordet ikke må køre højere op, og en sensor **B1** giver **TRUE** signal når løftebordet ikke må køre længere ned. Løftebordet må ikke bevæge sig, hvis både kontakten **S1** og kontakten **S2** holdes nede på samme tid.

Her er en palle med to pakker placeret på løftebordet:

Her er løftebordet kørt helt op til arbejdsbordet:

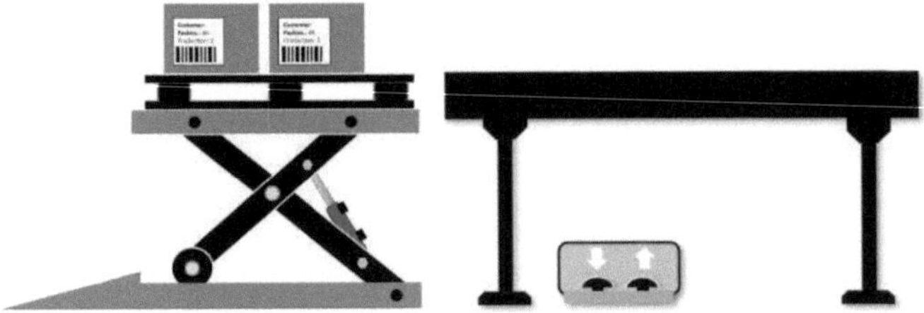

Opgave

Skriv et PLC program til løftebordet.

2.13 Fylde vand på dunke

I denne opgave skal du skrive et program til et anlæg der kan fylde vand på dunke.

Beskrivelse:

En motor **M1** driver transportbåndet. Når motor får **TRUE** signal fra PLC, kører transportbåndet mod højre.

Når sensor **B1** giver **FALSE** signal og sensor **B2** giver **TRUE** signal, er dunken placeret korrekt til påfyldning af vand.

Dunken fyldes med vand, når ventil **Q1** (en elektrisk vandhane) får **TRUE** signal.

Sensor **B5** måler hvor meget vand der er fyldt i dunken. Når sensor **B5** giver **TRUE** signal, er dunken fyldt og **Q1** sættes til **FALSE**, for at lukke for vandet.

Når dunken er fyldt, sættes motor **M1** til **TRUE**, så dunken kan køres væk og en ny dunk kan køres frem.

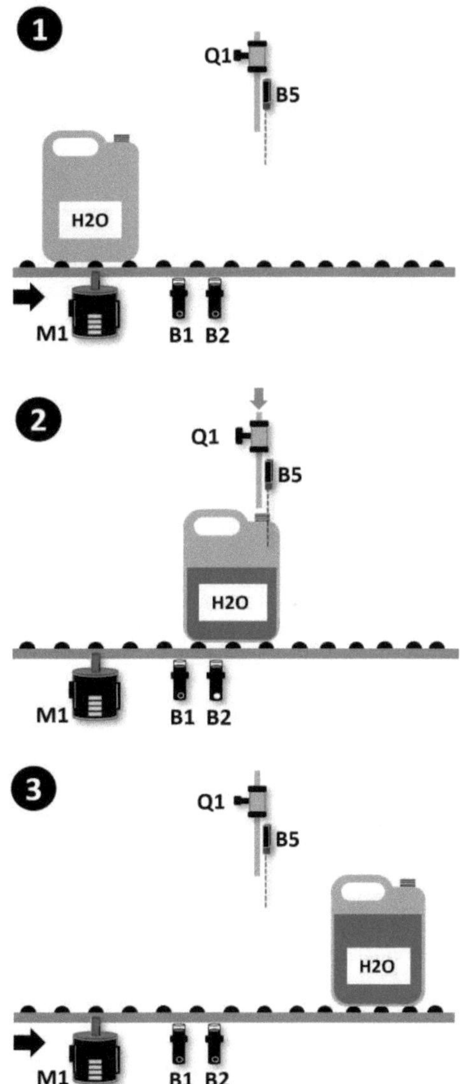

Beskrivelse til billederne

1	Dette billede viser en tom dunk på vej hen ad transportbåndet.
2	Dette billede viser en tom dunk der fyldes med vand.
3	Dette billede viser dunken nu er fyldt med vand og på vej væk.

Opgave

Skriv et PLC program ud fra beskrivelsen.

2.14 Pumpebrønd med en pumpe og to flydevippe kontakter

I denne opgave skal du skrive et program til en pumpebrønd.

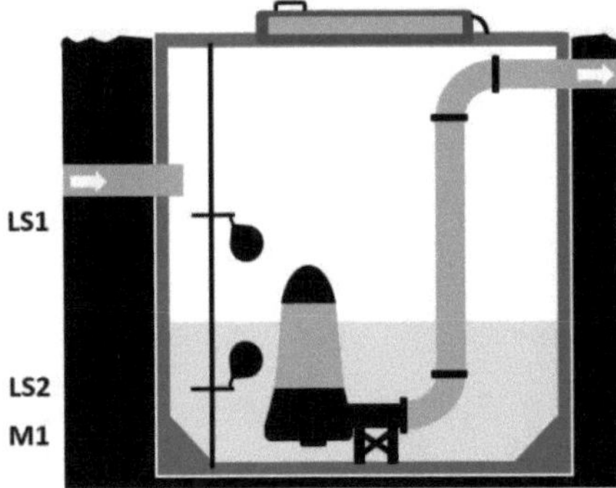

Pumpebrønden er nedgravet i jorden og består af en pumpe og to flydevippe kontakter (float switch), som vist på billedet til venstre. Pumpebrønden bruges til at pumpe spildevand væk fra en bolig.
Pumpen er styret af en motor som hedder **M1** og kan styres direkte med et on/off signal (digitalt signal) fra en PLC.
Den øverste flydevippe kontakt **LS1** er en Normally Closed (NC) kontakt.
Den nederste flydevippe kontakt **LS2** er en Normally Open (NO) kontakt.

Når der løber spildevand til pumpebrønden, stiger vandstanden (niveauet) i pumpebrønden og det aktiverer de to flydevippe kontakter som vist herunder:

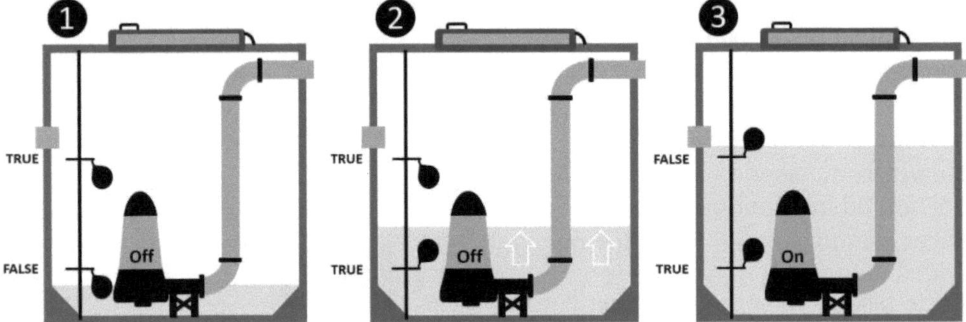

Lavt niveau i pumpebrønden
Når der er lavt niveau (1) i pumpebrønden giver flydevippe **LS2** et **FALSE** signal og pumpen **M1** skal være slukket (**Off**), da der ikke skal pumpes spildevand.

Stigende niveau
Når niveauet i pumpebrønden stiger (2) aktiveres først flydevippe **LS2** og dernæst flyvevippe **LS1**. Det er først når **LS1** aktiveres af niveauet, at pumpen **M1** skal starte med at pumpe spildevandet væk (3).

Faldende niveau
Pumpen skal stadig køre, selvom niveauet falder under **LS1**. Det er først når niveauet igen kommer under flydevippe **LS2**, at pumpen skal stoppe.

Opgave
Skriv et PLC program til pumpebrønden.

2.15 Styring til emhætte

I denne opgave skal du skrive et program til en emhætte, som bruges i et køkken.

Beskrivelse

Emhætten har en ventilator der kan køre tre forskellige hastigheder.
Der er indbygget lys i emhætten som kan tændes og slukkes.

Emhætten har således i alt seks betjeningsknapper:

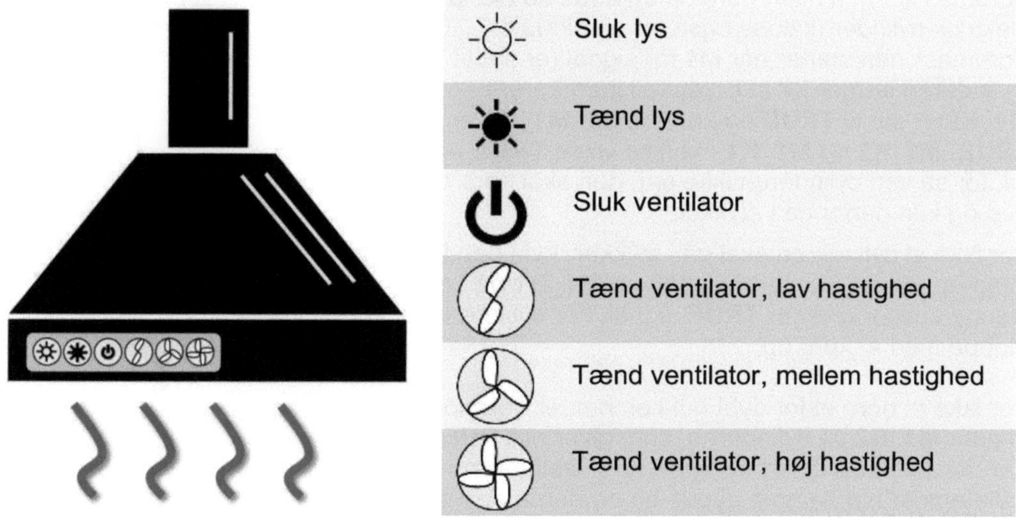

I denne opgave skal du selv finde passende navne til variabler og komponenter.

Det er ikke nødvendigt at slukke for ventilatoren før der skiftes hastighed.

Hastigheden på ventilatoren styres med tre digitale signaler fra PLC, og kun ét af de signaler må være **TRUE** (24V) ad gangen. Hvis alle tre digitale signaler til ventilatoren er **FALSE** (0V) er ventilatoren slukket.

Opgave

Skriv et PLC program til emhætten.

2.16 2-Håndsbetjent boremaskine

Opgaven består i at skrive et PLC program til en 2-hånds betjent boremaskine.

Opstillingen består af en boremaskine **M1,** to manuelle betjente trykkontakter **S1** og **S2** samt en sensor **B3**.

Beskrivelse

Boremaskinen **M1** kan køre op og ned ved hjælp af en elektrisk cylinder (kaldes også for en aktuator). Boremaskinen starter når **M1** får signal (er sat til **TRUE**). Cylinderen sørger for at boremaskinen kører ned, når **M1_K2** er sat til **TRUE** og køre op når **M1_K1** er sat til **TRUE**. **M1_K2** og **M1_K1** må ikke være **TRUE** på samme tid, for så ved cylinderen ikke om, den skal køre op eller ned og kan derfor gå i stykker.

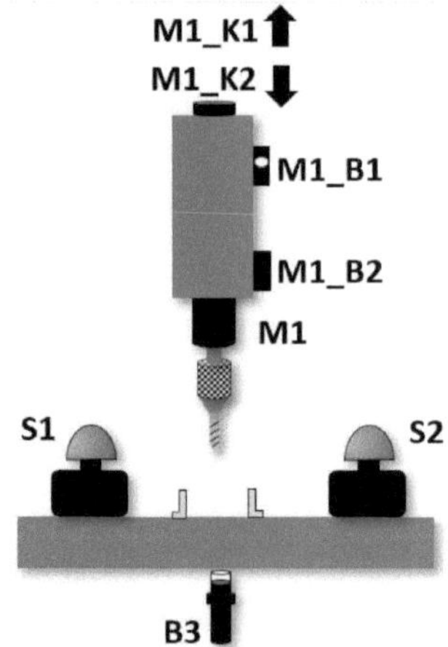

For ikke at cylinderen skal gå i stykker, hvis den kører for langt op, er der monteret en sensor **M1_B1** på den. Denne sensor giver et **TRUE** signal, når cylinderen skal stoppe med at køre op.

For ikke at bore et for dybt hul i emnet, er der monteret en sensor **M1_B2** på cylinderen, som giver et **TRUE** signal, når der ikke skal bores længere ned. Dette sikrer at huller i alle emner har samme dybde og emnerne derved har samme kvalitet.

De følgende billeder viser betjeningen af boremaskinen.

Emne placeres

Som det første skal et emne placeres i holderen (fixturen) under boremaskinen. Når emnet er placeret, vil sensor **B3** være aktiveret (give **TRUE** signal).

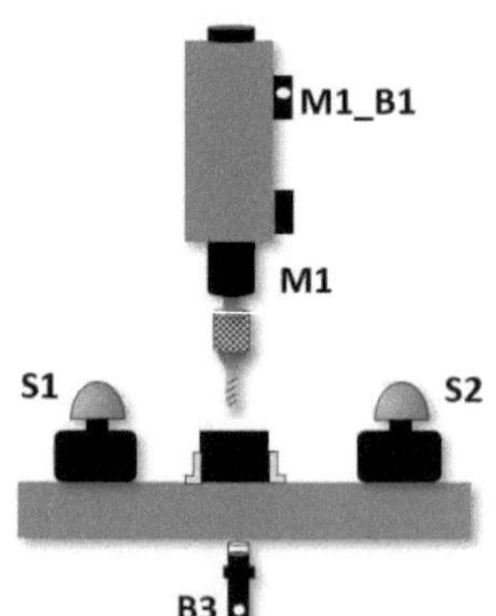

Når sensor **B3** er aktiveret vil en lille LED (lampe) lyse på sensoren, så operatoren kan se at emnet, ligger rigtigt og boremaskinen må startes.

I det PLC program du skal skrive til boremaskinen, skal du sikre at boremaskinen kun må starte, hvis der er et emne som skal have boret et hul. Til dette kan du bruge signalet fra sensor **B3**.

Start boremaskine
Når emnet ligger korrekt i fixtur skal operatøren starte boremaskinen. Dette gøres ved at holde en finger på hver af de to trykkontakter **S1** og **S2.**

De to trykkontakter **S1** og **S2** skal begge holdes nede for at boremaskinen må starte. Dette er med til at sikre at operatøren som betjener boremaskinen, ikke har fingrene tæt på boremaskinen og derved kan komme til skade, når der skal bores i et emne.

Når du skriver dit PLC program, skal du altså sikre at boremaskinen kun må starte, hvis der både er **TRUE** signal fra **S1** og **S2** samt **B3**.

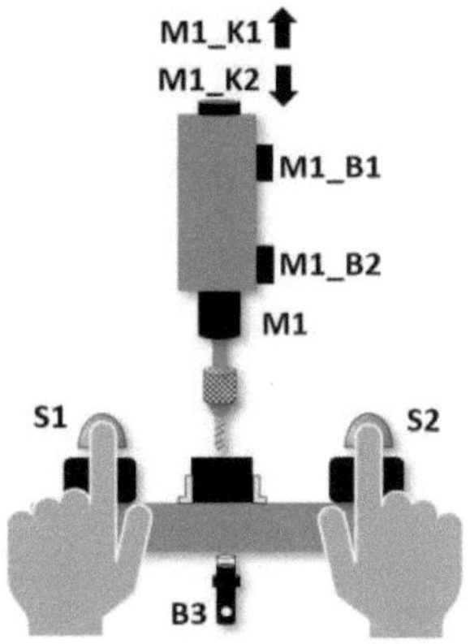

Hul bores
Når der er lys i sensor **M1_B2** er hullet boret dybt nok og cylinderen skal nu køre op igen.

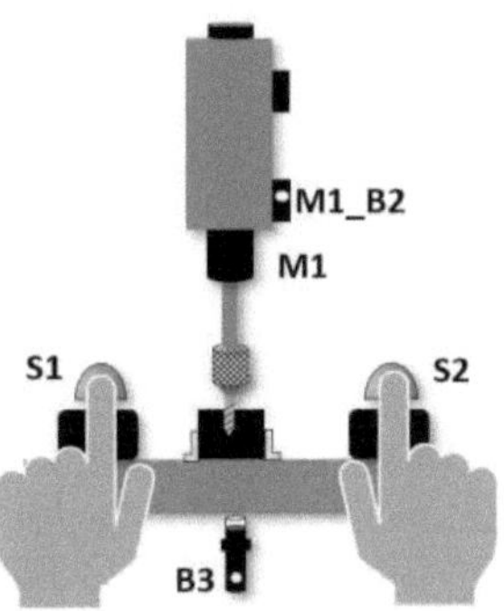

Afslutning
Når der er **TRUE** signal på **M1_K1** kører cylinderenden op. Operatøren skal stadig holde begge fingere på de to trykkontakter. Hvis operatøren fjerner den ene eller begge fingre skal boremaskinen og bevægelse af cylinderen straks stoppe, så operatøren ikke kommer til skade.
Når der er **TRUE** signal fra sensor **M1_B1** skal boremaskinen og cylinderen stoppe med at køre.
Operatøren kan herefter fjerne emnet som har fået boret et hul og indsætte et nyt emne.

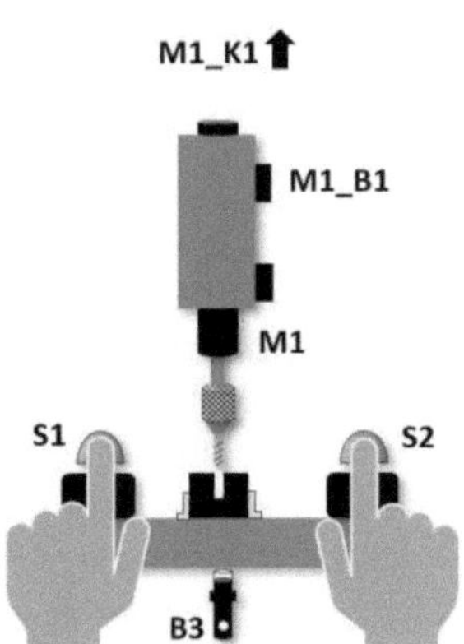

Opgave
Skriv et PLC program til boremaskinen.

2.17 Palletering af dunke med robot

I denne opgave skal du skrive et PLC program til et lille robotanlæg som sætter to dunke på en palle. Herunder er fire billeder af processen:

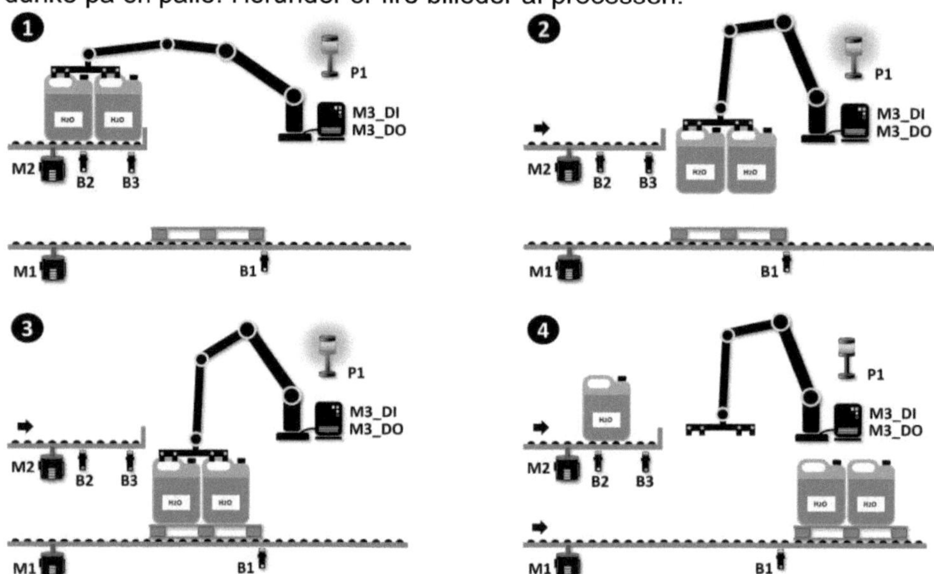

Beskrivelse af billeder

Det første billede (1) viser at robotten netop har taget fat i de to dunke på det øverste transportbånd. Billede (2) viser at robotten er ved at flytte de to dunke ned på pallen. På billede (3) har robotten netop placeret de to dunke på pallen. Det sidste billede (4) viser at pallen med de to dunke er ved at køre væk og robotten venter imens en dunk kommer ind på det øverste transportbånd.

Beskrivelse

Det er først når der er **TRUE** signal fra både sensor **B1**, **B2** og **B3** at robotten må begynde sit arbejde. Robotten starter når der sættes **TRUE** signal på **M3_DI**, som er en digital indgang til robotcontrolleren. Når robotten er i gang med sit arbejde, er udgangen på robotcontrolleren **M3_DO** sat til **TRUE**. Når robotten er færdig med at placere de to dunke på pallen og robotarmen er kørt væk, som vist på billede (4), bliver den digitale udgang på robotcontrolleren **M3_DO** sat til **FALSE**.

Når robotten arbejder, skal PLC programmet sørge for, at der er lys i lampen **P1**.

En ny palle køres frem ved at give motor **M1** et **TRUE** signal. Pallen køres frem indtil der kommer **TRUE** signal fra sensor **B1.** Så er pallen placeret korrekt, når robotten skal placere de to dunke. Når robotten har placeret de to dunke på pallen, skal motor **M1** sættes til **TRUE**, for at køre den fyldte palle væk.

Opgave

Skriv et PLC program til det lille robotanlæg.

2.18 Transportbånd til afhentning af paller (Man/Auto)

I denne opgave skal du skriv et PLC program til et transportbånd, hvor paller fyldt med varer kan afhentes af en gaffeltruck.

Illustration:

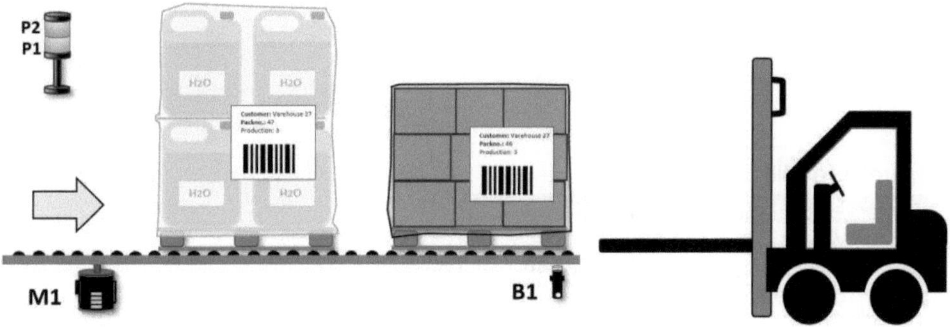

Beskrivelse

Transportbåndet er styret af en motor **M1.**
Et lampetårn med to lamper **P1** og **P2** bruges til at give besked til operatøren som sidder i gaffeltrucken. Hvis der er lys i lampen **P2**, er en palle klar til afhentning på transportbåndet. Hvis der er lys i **P1**, er transportbåndet ved at køre næste palle frem til enden af transportbåndet, hvor pallen skal afhentes. En sensor **B1** giver **TRUE** signal, når pallen er ved enden af transportbåndet. Når **B1** giver **TRUE** signal skal transportbånd stoppe. Transportbåndet skal køre når **B1** giver **FALSE** signal.

Brugerbetjening

Der er brugerbetjening som vist herunder:

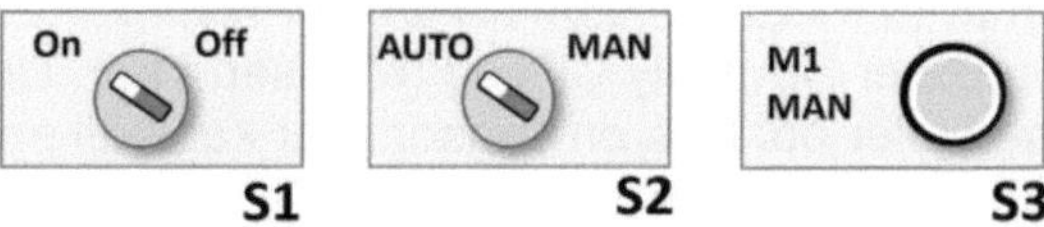

Transportbåndet sættes i drift med den manuelle drejeomskifter **S1.**
Der kan skiftes mellem automatisk drift og manuel drift med drejeomskifteren **S2.**
Hvis der skiftes til manuel drift, vil motoren **M1** køre, når den manuelle trykkontakt **S3** holdes nede.
Både ved automatik drift og manuel drift skal transportbåndet stoppe når sensor **B1** giver et **TRUE** signal.

Opgave

Skriv et PLC program ud fra beskrivelsen.

2.19 PLC program til rulleport

Opgaven består i at skrive et PLC program til en rulleport:

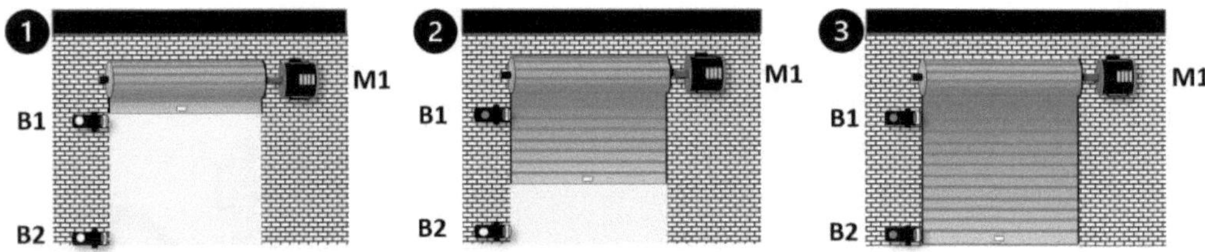

Beskrivelse af billeder

Billede	Beskrivelse
1	Viser rulleporten helt oppe.
2	Viser rulleporten er halvt nede.
3	Viser rulleporten helt nede.

Beskrivelse

Rulleporten er styret med en motor **M1**, som kan køre rulleporten op og ned. Motoren er styret af to digitale signaler fra PLC:

M1Run tænder motoren ved **TRUE** signal og

M1Direction styre retningen på rulleporten.

Hvis **M1Direction** er **TRUE** kører rulleporten op og hvis **M1Direction** er **FALSE**, kører rulleporten ned. For ikke at rulleporten kører for langt ned, er der monteret en sensor **B2**, som giver et **FALSE** signal når rulleporten ikke skal køre længere ned. Motor **M1** skal således stoppe, når der kommer et **FALSE** signal fra sensor **B2.**

For ikke at rulleporten kører for langt op, er der monteret en sensor **B1**, som giver et **FALSE** signal når rulleporten ikke skal køre længere op. Motor **M1** skal således stoppe, når der kommer et **FALSE** signal fra sensor **B1**.

De to sensorer **B1** og **B2** er Normally Closed (NC) sensorer. Det betyder at rulleporten ikke kører for langt ned eller op, hvis en sensor eller kabel til en sensor er i stykker.

Betjeningspanel

Rulleporten har dette betjeningspanel:

Ved tryk på **S1** skal rulleporten køre op.

Ved tryk på **S3** skal rulleporten straks stoppe. Efter tryk på **S3** kan både **S1** eller **S2** efterfølgende benyttes til at køre rulleporten enten op eller ned.

Ved tryk på **S2** skal rulleporten køre ned.

Opgave

Skriv et PLC program til rulleporten.

2.20 Flaske på transportbånd

I denne opgave skal du skrive et PLC program, som kan få en flaske til at køre frem og tilbage på et transportbånd.

Opstillingen består af et betjeningspanel med en trykkontakt **S1**, en motor **M1** samt to sensorer **B1** og **B2**. De to sensorer er monteret i hver ende af transportbåndet.

Motor **M1** driver transportbåndet

Trykkontakten **S1** er en Normally Open kontakt (NO).

Herunder er billeder, som viser flasken køre frem og tilbage:

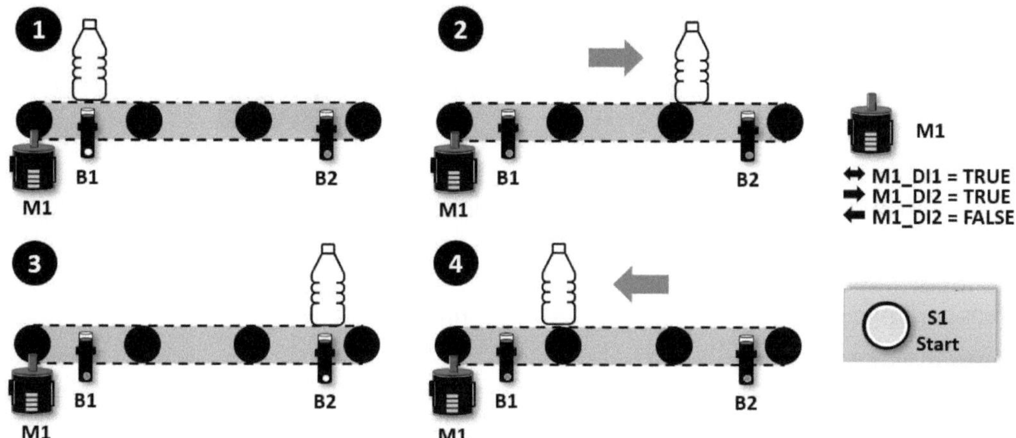

Beskrivelse

Sensorerne giver et **TRUE** signal, når flasken er lige over sensoren.

Motoren **M1** styres med to digitale indgangssignaler: **M1_DI1** og **M1_DI2**.

Når **M1_DI** er **TRUE** er motoren i drift og transportbåndet kører. Motoren kan skifte køreretning med det digitale signal **M1_DI2**. Hvis **M1_D12** er **TRUE** køres flasken mod højre og hvis signalet er **FALSE**, køres flasken mod venstre.

Beskrivelse af billeder:

Billede	Beskrivelse
1	Her er flasken placeret ved sensor **B1** og der kan trykkes på trykkontakten **S1**, for at starte programmet.
2	Her er programmet startet og flasken bevæger sig mod højre.
3	Her er flasken nået hen til sensor **B2**, hvilket kan ses ved at sensor **B2** giver et **TRUE** signal. Nu skal transportbåndet køre den anden vej.
4	Her er flasken på vej tilbage. Når flasken kommer tilbage til sensor **B1**, skal transportbåndet stoppe.

Opgave

Skriv et PLC program ud fra beskrivelsen.

2.21 Produktionslinje med dunke (Man/Auto)

I denne opgave skal du skrive et PLC program til en produktionslinje til dunke:

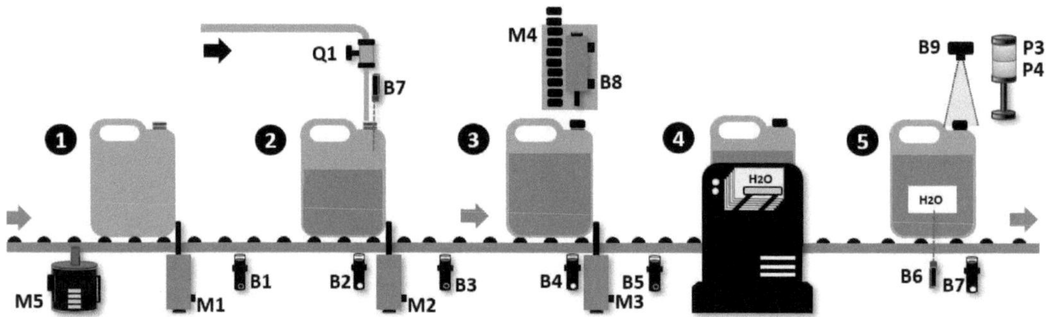

Beskrivelse

De tomme dunke kommer ind fra højre (1). Dunken fyldes med væske (2). Der sættes en kapsel på dunken (3) og label på dunken (4). Til slut kontrolleres dunken (5).

Transportbåndet

Transportbåndet er i drift, når **M5** får **TRUE** signal og **M5** er stoppet ved **FALSE** signal.

Venteposition for tom dunk (1)

Den næste dunk der skal fyldes, venter foran cylinder **M1**. For at den tomme dunk kan komme videre, skal cylinder **M1** have et **TRUE** signal, så cylinderen kører ned. Cylinder **M1** skal køres op på en faldende flanke fra sensor **B1**.

Påfyldning af væske (2)

Cylinder **M2** skal være oppe, for at dunken er korrekt placeret under fylding. Der skal være et **TRUE** signal fra sensor **B2**, for at der må fyldes væske på dunken. Cylinder **M2** er oppe, når **M2** får et **FALSE** signal. Der fyldes væske på dunken, når ventil **Q1** (elektrisk vandhane) får et **TRUE** signal. Der skal fyldes væske på dunken, indtil sensor **B7** giver et **TRUE** signal.
Når dunken er fyldt, skal cylinder **M2** have et **TRUE** signal for at cylinder kører ned og dunken kan komme videre. På en faldende flanke fra sensor **B3**, er dunken kommet videre og **M2** skal have et **FALSE** signal for at køre op.

Påsætning af kapsel (3)

Cylinder **M3** skal være oppe og der skal være **TRUE** signal fra sensor **B4**, for at der kan sættes en kapsel på dunken. Kapsel sættes på ved at sætte **M4** til **TRUE**. Kapsel sidder på dunken, når **B8** giver **TRUE** signal. Herefter skal cylinder **M3** sættes til **TRUE**, så cylinder **M3** kører ned, for at dunken kan komme forbi.
På en faldende flanke fra sensor **B5**, er dunken forbi cylinderen og cylinderen **M3** sættes til **FALSE** for at cylinderen kører op igen.

Påsætning af label (4)
Maskinen som sætter label på dunken, er en selvstændig maskine som har sin egen PLC styring. Maskinen kontrollerer selv at dunken er korrekt placeret til at få en label. Der er ingen forbindelse mellem labelmaskinen og den fælles PLC.

Kontrol af kapsel og label (5)
Når sensor **B7** får **TRUE** signal er dunken klar til at blive kontrolleret.
Dunken er "OK" når følgende betingelser er opfyldt:

- Hvis der kommer **TRUE** signal fra vision kamera **B9**.
- Sensor **B6** giver **TRUE** signal, hvis dunken har fået en label.

Hvis dunken er "OK" sættes lampen **P3** til **TRUE**. Hvis dunken ikke er "OK" sættes lampen **P4** til **TRUE** for at give besked til operatøren om, at dunken skal fjernes fra transportbåndet.

Betjeningspanel (HMI)
Der er følgende betjeningspanel til produktionslinjen:

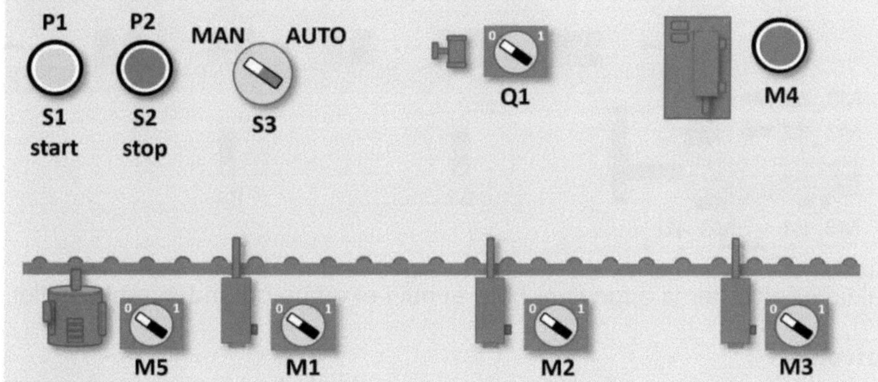

Start og stop
Trykkontakten **S1** starter produktionslinjen og sætter lys i kontakten med lampen **P1**.
Trykkontakt **S2** stopper produktionslinjen og sætter lys i kontakten med lampen **P2**.
Der må ikke være lys i **P1** og **P2** på samme tid.
Drejeomskifter **S3** bruges til at skifte mellem automatisk drift og manuel drift.

Automatisk drift
Produktionslinjen fylder væske på dunke, som tidligere beskrevet.

Manuel drift
Komponenter kan aktiveres individuelt med en drejeomskifter eller trykkontakt.

Opgave
Skriv et PLC program til produktionslinjen.

2.22 Produktionslinje med to boremaskiner

Denne opgave består i at udvikle en PLC styring til en lille produktionslinje med to boremaskiner **M1** og **M2**:

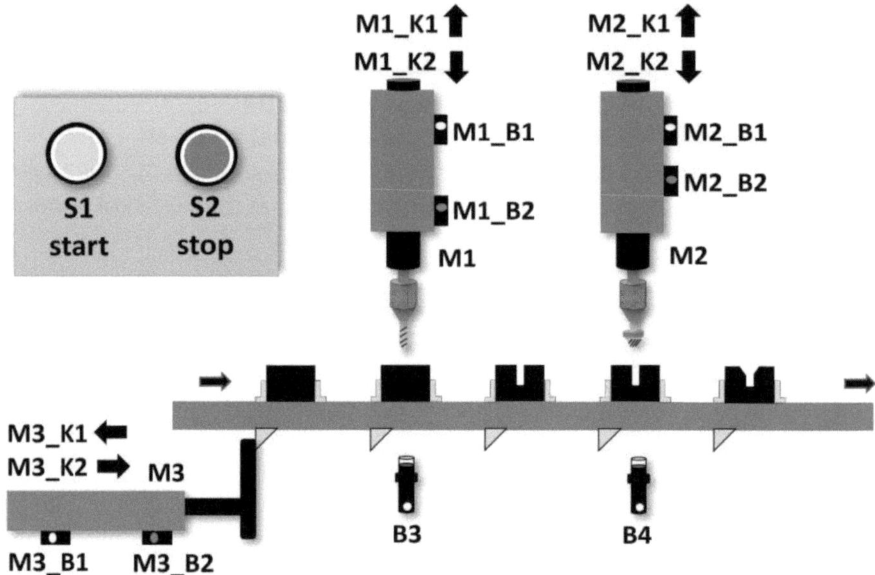

Produktionslinjen har til opgave at bore et hul i et emne og undersænke hullet.

Beskrivelse

Emnerne der skal bores er fastspændt på en metalplade, så emnerne ligger stabilt når der bores og undersænkes. Metalpladen skubbes frem mod højre med cylinder **M3**. Når der er **TRUE** signal på **M3_K2** sørger motoren i cylinderen for at skubbe metalpladen mod højre, så emnerne flyttes videre frem. Bagefter skal der være **TRUE** signal på **M3_K1** for at flytte cylinder tilbage til næste skub.

Der er to tilbagemelder sensorer (Reed kontakt) på cylinderen:

M3_B1 giver **TRUE** signal, når cylinder **M3** er helt mod venstre (se billede).
M3_B2 giver **TRUE** signal, når cylinder **M3** er helt mod højre.

TRUE signal til **M3_K1** skal sættes til **FALSE**, når der kommer **TRUE** signal fra sensor **M3_B1**, da cylinderen ikke kan flyttes mere mod venstre og kan gå i stykker, hvis der forsat er **TRUE** signal på **M3_K1**.
På samme måde skal **TRUE** signal til **M3_K2** sættes til **FALSE**, når cylinder er helt mod højre og der kommer **TRUE** signal fra **M3_B2**.
Der må ikke være **TRUE** signal til **M3_K1** og **M3_K2** på samme tid.

Boremaskinerne
De to boremaskiner virker på samme måde:
Boremaskine **M1** må starte, når der er **TRUE** signal fra sensor **B3**. Boremaskinen kører, når der kommer **TRUE** signal på **M1**. Når der kommer **TRUE** signal på **M1_K2** kører cylinderen boremaskinen ned, så der kan bores et hul i emnet. Når der kommer **TRUE** signal fra sensor **M1_B2** er hullet boret. **TRUE** signal til **M1_K2** sættes til **FALSE**, så boremaskinen stopper med at køre ned. Herefter sættes **TRUE** signal på **M1_K1** for at få boremaskinen til at køre op igen.

Boremaskine **M2** må starte, når der er **TRUE** signal fra sensor **B4**. Boremaskinen kører, når der kommer **TRUE** signal på **M2**. Når der kommer **TRUE** signal på **M2_K2** kører cylinderen med boremaskinen ned, så hullet kan undersænkes. Signalet til **M2_K2** afbrydes, når der kommer **TRUE** signal fra sensor **M2_B2**, så boremaskinen stopper med at køre ned. Herefter sættes **TRUE** signal på **M2_K1** for at få boremaskinen til at køre op igen.

Når begge boremaskiner er færdige med at bore, skal metalpladen skubbes mod venstre, så nye emner er klar.

Bemærk at begge boremaskiner ikke er i drift i lige lang tid, da der skal bruges mere tid på at bore hullet end på at undersænke hullet. Hvor langt boremaskinerne skal køre ned, indstilles fysisk med sensorerne **M1_B2** og **M2_B2**, som kan skubbes op eller ned på siden af cylinderen. Den ene boremaskine må godt stå stille, imens den anden er i drift. Dette vil typisk ske under opstart, hvor **M2** endnu ikke har fået et emne, mens **M1** allerede er i gang med at bore i et emne.

Betjeningspanel
Som det ses på tegningen, er der et lille betjeningspanel, som har en startkontakt **S1** og en stopkontakt **S2**. Dette er beregnet til at operatøren kan starte og stoppe driften af produktionslinjen.
Både **S1** og **S2** er trykkontakter med en fjeder retur funktion.
S1 er en Normally Closed (NC) kontakt og **S2** er en Normally Open (NO) kontakt.

Hvis startkontakt **S1** aktiveres (trykkes ind) skal produktionslinjen starte.
Hvis stopkontakten **S2** aktiveres, skal begge boremaskiner stoppe og alle tre cylindere sættes tilbage til start position. En cylinder står i en start position, når sensor **B1** har **TRUE** signal som vist på billedet.

Opgave
Skriv et PLC program ud fra beskrivelsen.

2.23 Sortering af pakker efter størrelse

I denne opgave skal du skrive et PLC program til et lille anlæg, som kan sortere pakker til tre forskellige transportbånd.

Illustration af anlæg:

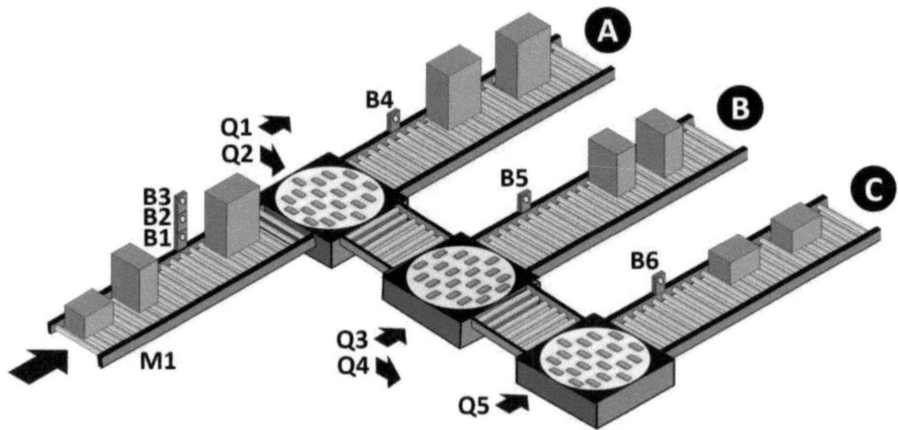

Beskrivelse
Pakkerne kommer ind på transportbåndet **M1**. Der er tre forskellige størrelser af pakker. De store pakker skal til transportbånd **A**, mellemstørrelse pakker skal til transportbånd **B** og de små pakker skal til transportbånd **C**.

Pakkerne kommer ind på transportbåndet **M1** med stor afstand, og alle transportbånd kører hele tiden.

Sensor **B1**, **B2** og **B3** bruges til at bestemme størrelsen på pakken. Hvis der er **TRUE** signal fra både sensor **B1**, **B2** og **B3** er det således en stor pakke.

Anlægget har tre drejeskiver med små ruller, som kan sende en pakke lige frem eller til siden. Drejeskiver styres fra PLC med et digitalt signal **Q**. Dette betyder at hvis der f.eks. sættes **TRUE** signal på **Q1** kører de store pakker ud på transportbånd **A**, som vist på illustrationen. Hvis der sættes **TRUE** signal på **Q2** kører pakken til siden. Der må ikke være **TRUE** signal på både **Q1** og **Q2** på samme tid. Transportbånd **Q3** og **Q4**, virker på samme måde som transportbånd **Q1**.

Når der kommer **TRUE** signal på enten **B4**, **B5** eller **B6** er pakken modtaget på det rette transportbånd og anlægget er klar til en ny pakke.

Opgave
Skriv et PLC program ud fra beskrivelsen.

2.24 Robot og CNC-maskine styret fra PLC

I denne opgave skal du udvikle en PLC styring til et lille maskinanlæg der kan bearbejde metal emner.

Anlægget består af to transportbånd, en robot og en CNC-maskine:

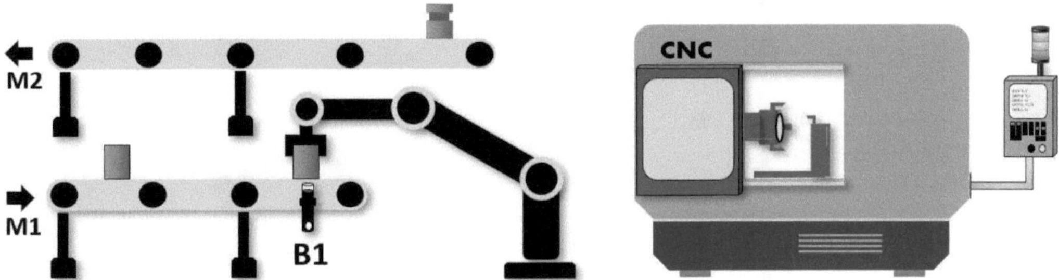

Beskrivelse

Emnerne der skal bearbejdes, kommer på et transportbånd **M1**. Robotten tager emnet fra transportbåndet **M1** og placerer emnet i CNC-maskinen. Når emnet er bearbejdet i CNC-maskinen, tager robotten emnet ud af CNC-maskinen og placerer emnet på transportbåndet **M2**.

PLC styring

Det er en PLC som styrer hele maskinanlægget, og derfor er det PLC som bestemmer hvornår CNC-maskinen og robotten skal starte og stoppe. Det betyder at der skal være elektriske forbindelser fra PLC til både CNC-maskinen og robotcontrolleren, så PLC kan starte CNC-maskine og robotten og få et signal tilbage om de er færdige.

Elektriske forbindelser er vist herunder:

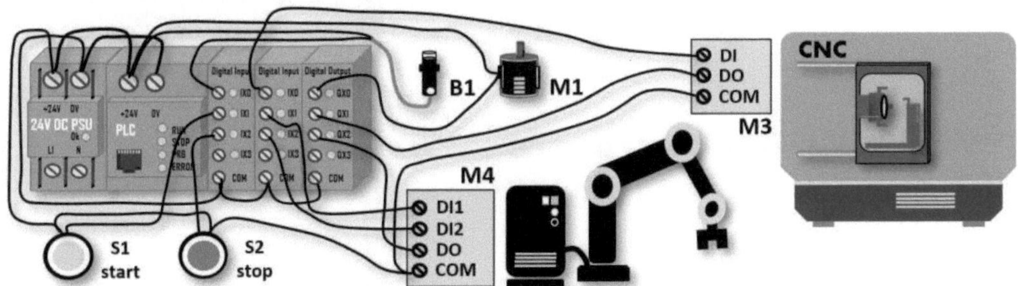

Motoren **M1** bruges til at styre transportbånd **M1**.

Når sensor **B1** giver et **TRUE** signal skal transportbåndet stoppe, så robotten kan tage emnet fra fastlagt position på transportbåndet.

Transportbånd **M2** kører konstant.

Herunder er illustrationer af arbejdsprocessen:

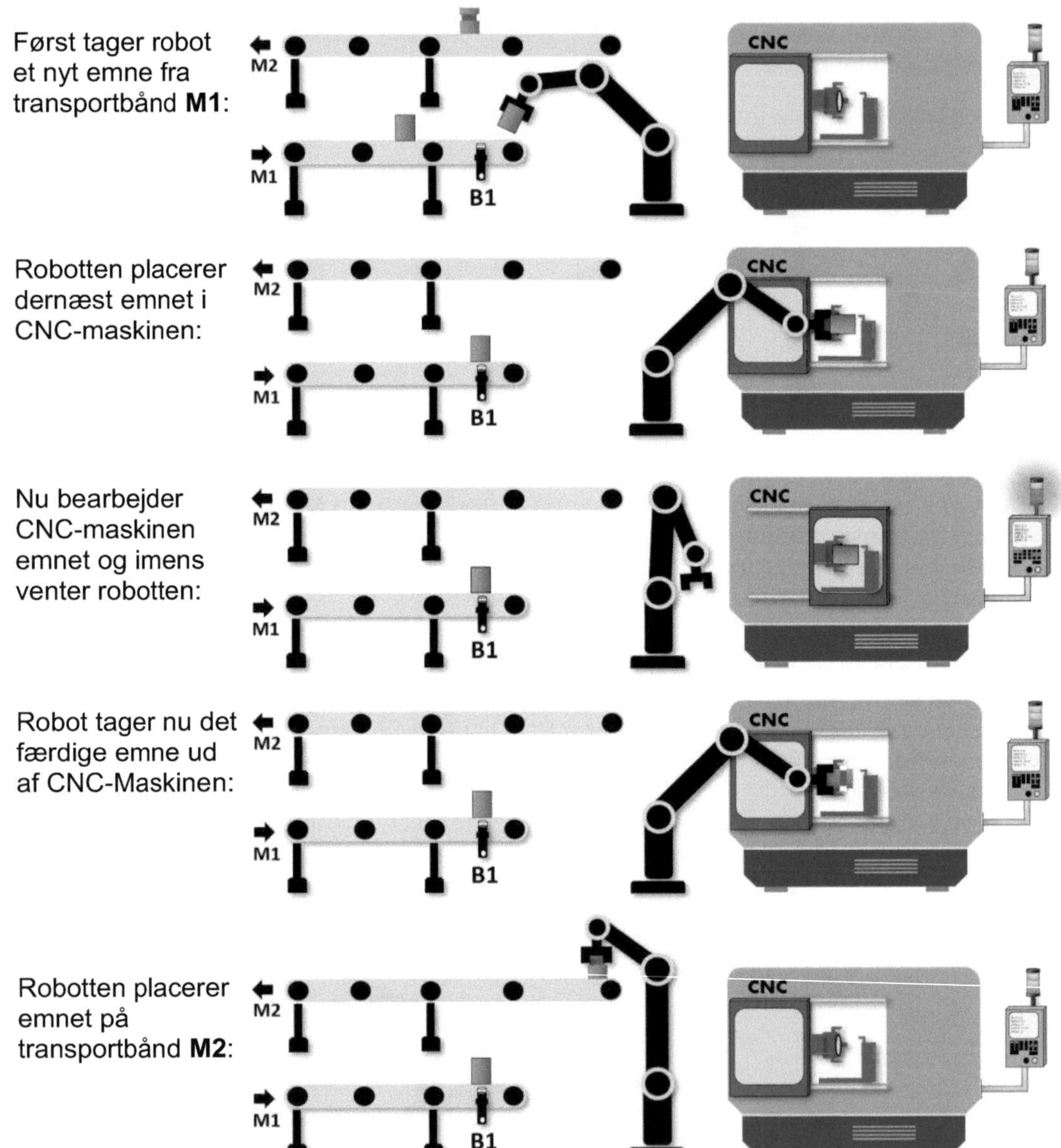

Først tager robot et nyt emne fra transportbånd **M1**:

Robotten placerer dernæst emnet i CNC-maskinen:

Nu bearbejder CNC-maskinen emnet og imens venter robotten:

Robot tager nu det færdige emne ud af CNC-Maskinen:

Robotten placerer emnet på transportbånd **M2**:

Og hele arbejdsprocessen gentages for næste emne.

Betjeningspanel
Maskinanlægget startes med den manuelle trykkontakt **S1** og stoppes med **S2.** **S1** er en Normally Closed (NC) kontakt og **S2** er en Normally Open (NO) kontakt. Når der er trykket på stop kontakten **S2** fortsættes arbejdet og opgaven gøres færdig (hele sekvensen gøres færdig). Dvs. anlægget stopper først, når et bearbejdet emne er placeret på transportbåndet **M2**.

CNC-maskine
CNC-maskinen er konfigureret (programmeret) til at blive startet fra et eksternt digitalt signal **M3_D1**. CNC-maskinen starter når signal går fra **FALSE** til **TRUE** (positiv flanke). Når CNC-maskinen er færdig med at bearbejde et emne, sættes den digitale udgang (en relæudgang) på CNC-maskinen **M3_DO** fra **TRUE** til **FALSE**.

Robotcontrolleren
Robotcontrolleren **M4** styrer robotten og i robotcontrolleren **M4** er der to programmer. De to programmer kan startes fra eksterne digitale signaler fra PLC:

Program 1:	Flytter et emne fra transportbånd **M1** til CNC-maskinen. Programmet starter, når signal på **M4_DI1** går fra **FALSE** til **TRUE**.
Program 2:	Flytter et emne fra CNC-maskinen til transportbånd **M2**. Programmet starter, når signal på **M4_DI2** går fra **FALSE** til **TRUE**.

Når robotten er i gang (arbejder) med at flytte et emne, er signalet på den eksterne udgang på robotcontrolleren **M4_DO** sat til **TRUE**. Robotten er færdig med sit arbejde, når signalet på udgangen **M4_DO** går fra **TRUE** til **FALSE**.

Opgave
Skriv et PLC program til det lille maskinanlæg.

2.25 Tænd lys i lampe med 2-vejs kontakt (Toggle Switch)

Denne opgave har en trykkontakt **S1** og en lampe **P1** som er forbundet til en PLC:

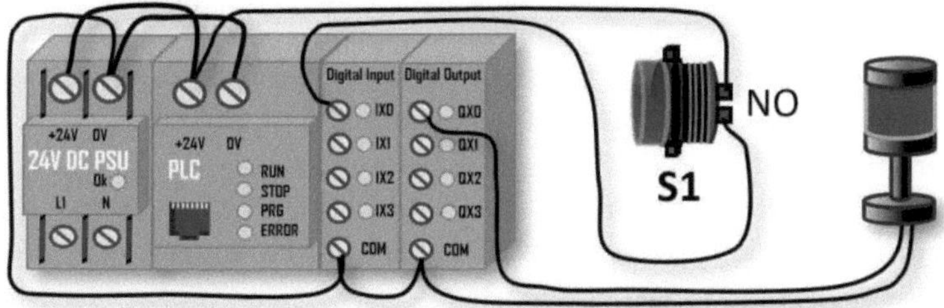

Trykkontakten **S1** er en Normally Open (NO) kontakt med fjeder retur.

Skriv et program, der har følgende virkemåde:

Ved et tryk på **S1** skal lampen tænde og ved endnu et tryk på **S1** skal lampen slukke. Således er det muligt at tænde og slukke lampen med kun én trykkontakt.

3 Programmering af sikkerheds-PLC

Dette kapitel indeholder opgaver, der kan programmers i en sikkerheds-PLC.

3.1 Lysbom og palle

I denne opgave skal du udvikle PLC kode, som kan slukke og tænde en lysbom. En lysbom kaldes også for sikkerhedslysgitter eller lysgradin.

Opstillingen består af et transportbånd, som kan transportere paller med pakker til et område hvor mennesker ikke har adgang. Området har en åbning, hvor pallerne kommer ind og denne åbning er overvåget med en lysbom.

Lysbom sørger for at åbningen er overvåget af lysstråler og hvis lysstråler afbrydes, skal maskinerne i det lukkede område stoppe.

Lysbom skal afbrydes (slukkes), når der kommer en palle.

Billeder

Dette billede viser en palle, der er på vej ind i det lukkede område:

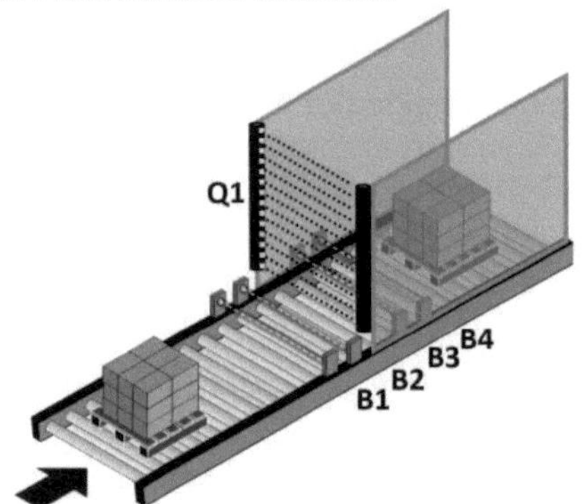

Dette billede viser lysbom er slukket og pallen kører ind i det lukkede område:

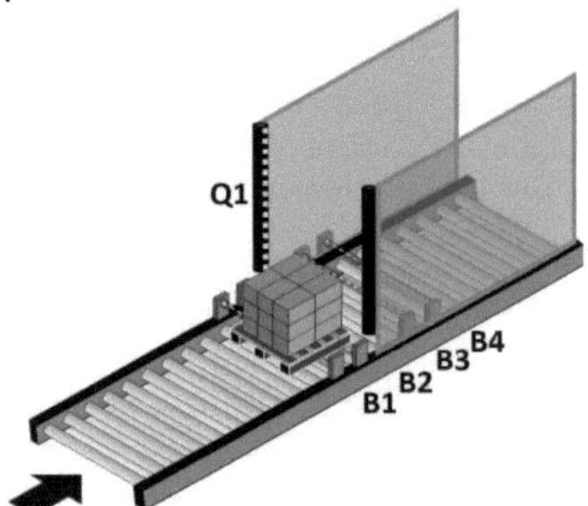

Som det ses på billederne, er der monteret fire sensorer, som kan bruges til at registrere, når der er en palle. Signalerne fra sensorerne bruges til at slukke og tænde lysbom, efter disse regler:

1) Lysbom skal slukke (muting), når både **B1** og **B2** bliver aktiveret af en palle.
2) Lysbom skal tænde igen (unmuting), når både **B3** og **B4** deaktiveres af en palle.
3) Lysbom **Q1** er tændt, når den får **TRUE** signal.

Transportbåndet kører konstant i denne opgave.

Opgave

Skriv et PLC program til at styre lysbom.

3.2 Robotcelle med sikkerheds-PLC

I denne opgave skal du bruge en robotcelle som vist herunder:

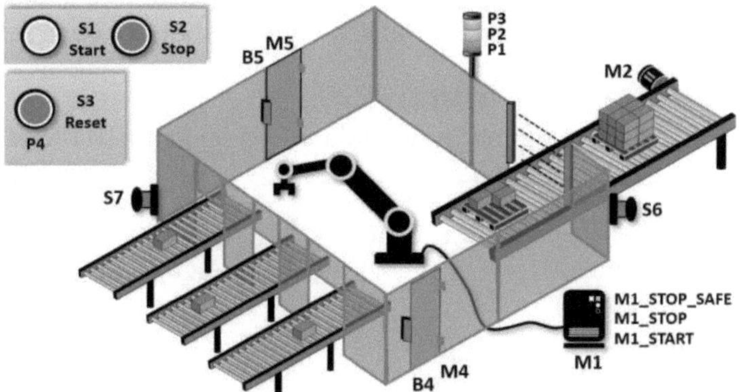

Robotcellen har tre transportbånd som leverer pakker ind til robotten. Robotten sætter pakkerne på en palle og når pallen er fuld, køres pallen ud fra robotcellen. Robotten er styret af en robot controller **M1** og den har tre digitale indgangssignaler. Robotcontrolleren er styret fra en sikkerheds PLC. Der er følgende komponenter:

Navn	Formål og virkemåde
M1	Robot. Skal stoppe ved tryk på **S2** eller nødstop.
M1_START	Input signal. Start robot program. Må ikke starte hvis nødstop er aktiveret.
M1_STOP	Input signal. Normally open (NO). Stop robot program ved **FALSE** signal.
M1_STOP_SAFE	Input signal. Skal være **TRUE** ved normal drift. Sættes til **FALSE** ved tryk på nødstop.
M2	Motor til palle transport. Motor i drift ved **TRUE** signal. Motor skal stoppe ved tryk på **S2** eller nødstop.
M4, M5	Sikkerhedslås. Ved **FALSE** signal skal døren i sikkerhedshegnet låse. Døren må kun kunne åbnes, hvis der er trykket på **S2** eller nødstop.
S1	Start robot. Set **M1_START** til **TRUE**. Må ikke startes hvis der er lys i **P4**.
S2	Stop robot. Set **M1_STOP** til **FALSE**.
S3	Reset af nødstopskredsløb. Der er lys i **P4**, når der skal trykkes på **S3**.
S6, S7	Nødstop kontakter. Hvis aktiveret, sæt **M1_STOP_SAFE** til **FALSE**.
B4, B5	Dørkontakt som giver et **FALSE** signal, når døren i sikkerhedshegnet er åben.
P1	Kun lys hvis nødstop kontakt er aktiveret.
P2	Kun lys hvis normal drift. Robotten er i drift.
P3	Lys hvis der er trykket på **S2**. Sluk lys når der trykkes på **S1**.
P4	Lys hvis nødstop er aktiveret. Skal slukke når nødstop er resat.

Opgave

Skriv et PLC program til en sikkerheds PLC som skal bruges til robotcellen.

4 Opgaver med logik og tællere

Dette kapitel indeholder opgaver, som kan programmeres ved hjælp af logik og tællere. Sværhedsgraden af opgaverne stiger gradvist, og til sidst er der opgaver med encoder.

4.1 Tænd lampe efter fem tryk

I denne opgave er der forbundet en trykkontakt **S1** og en lampe **P1** til en PLC:

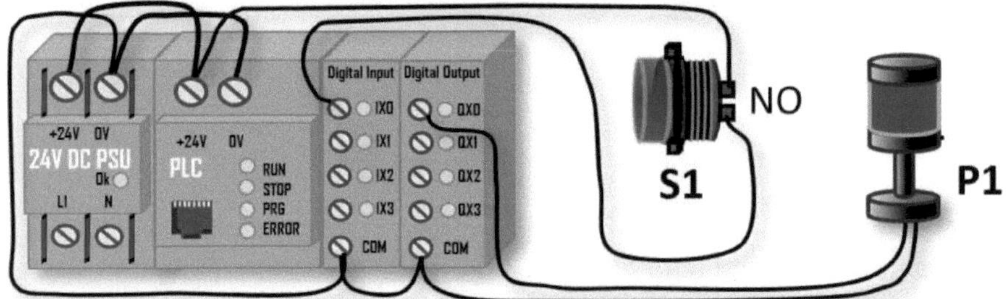

Skriv et PLC program hvor lampen **P1** tænder, når der har været trykket fem gange på trykkontakten **S1**.

4.2 Tænd lampe efter fire tryk og nulstil med et tryk

I denne opgave er der forbundet to trykkontakter og en lampe til en PLC:

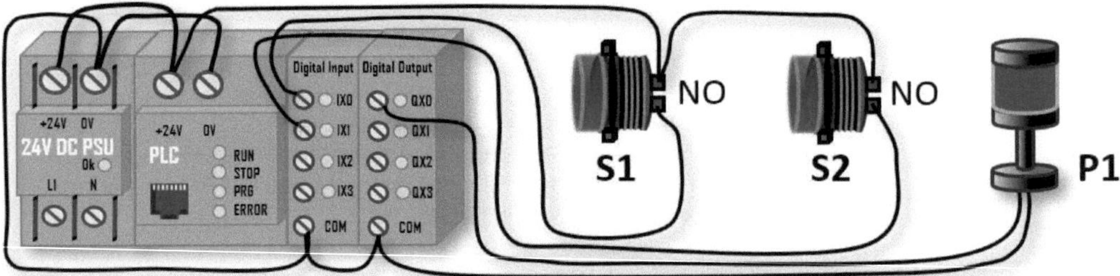

Skriv et PLC program der har følgende virkemåde:

- Opret en tæller der tæller hvor mange gange der er trykket på **S1**.
- Når der er trykket fire gange på **S1** skal lampen **P1** tænde.
- Når der trykkes på **S2** skal tælleren nulstilles og lampen **P1** skal slukke.

4.3 Tænd og sluk lampe efter fem tryk

I denne opgave er der forbundet en trykkontakt **S1** og en lampe **P1** til en PLC:

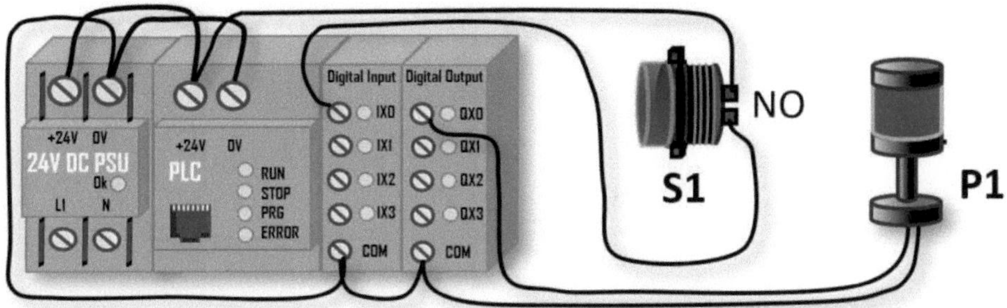

Skriv et PLC program der har følgende virkemåde:
Lampen **P1** tænder, når der har været trykket fem gange på **S1** og slukker igen, når der har været trykket yderligere fem gange på **S1**.
Forløbet skal gentages og det betyder: Efter fem tryk på **S1** tænder lampen **P1** og efter fem tryk mere på **S1** slukker lampen **P1**.

4.4 Ændre lys i lampetårn

I denne opgave er der forbundet en trykkontakt **S1** og et lampetårn til en PLC:

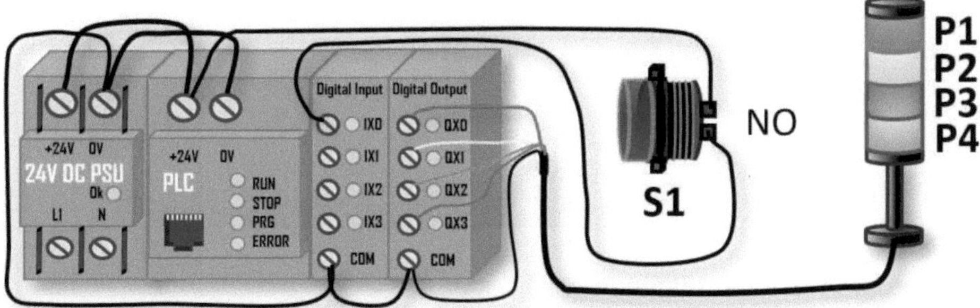

Skriv et PLC program der har følgende virkemåde:

Når PLC tændes, skal der ikke være lys i lamperne.
Første gang der trykkes på **S1** skal der være lys i **P1**. Når der trykkes på **S1** skal næste lampe lyse. Der er således lys i både lampe **P1** og **P2**. Når der igen trykkes på **S1**, skal der både være lys i **P1**, **P2** og **P3**. Sidste gang der trykkes på **S1** skal der være lys i alle fire lamper. Næste gang der trykkes på **S1**, skal alle lamper slukke. Hele sekvensen skal herefter starte forfra.

4.5 Tænd lampe med to trykkontakter

I denne opgave er der forbundet to trykkontakter og en lampe til en PLC:

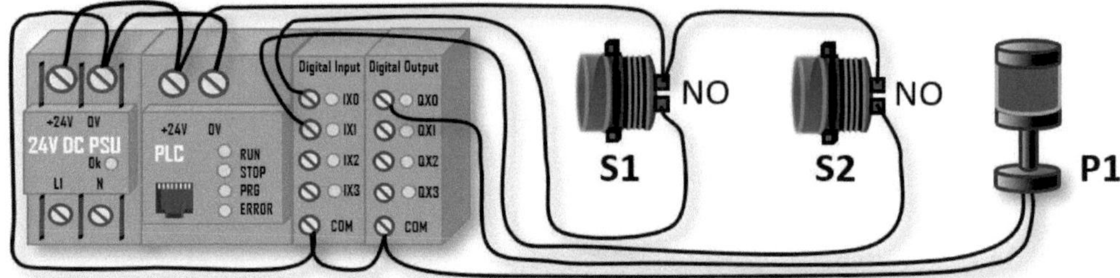

Skriv et PLC program der har følgende virkemåde:

- Når der er trykket fire gange på **S1** og derefter fem gange på **S2** skal **P1** tænde.
- Lampen må ikke tænde, hvis der trykkes ni gange på enten **S1** eller **S2**.
- Når der trykkes på **S1** og **S2** samtidig nulstilles tælleren og lampen **P1** slukker.

4.6 Tænd lampe efter flere tryk

I denne opgave er der forbundet to trykkontakter og en lampe til en PLC:

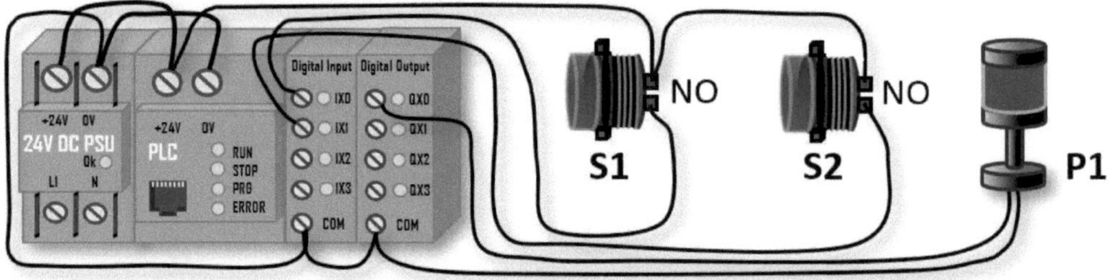

Skriv et PLC program der har følgende virkemåde:

- Når der er trykket fire gange på **S1** og derefter tre gange på **S2** skal **P1** tænde.
- Når der trykkes på **S1** og **S2** samtidig, nulstilles tælleren og lampen **P1** slukker.

Lampen må ikke tænde, hvis der:

- Trykkes syv gange på enten **S1** eller **S2**.
- Trykkes tre gange på **S2** først og derefter fire gange på **S1**.

4.7 PLC program til parkeringshus

Denne opgave består i at udvikle et PLC program der kan styre adgangen til et parkeringshus. Herunder er en tegning over parkeringshuset:

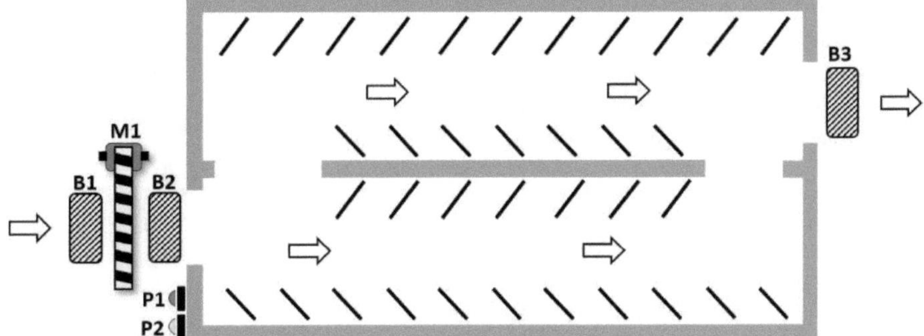

Foran indkørslen er anbragt en bom, som er styret af en motor **M1**. Ved indkørslen er der desuden to lamper **P1** (rød) og **P2** (grøn) samt to sensorer **B1** og **B2**. Ved udkørslen er der en sensor **B3**.

Registrering af biler

Sensorerne **B1**, **B2** og **B3** er sensorer som er placeret under vejbanen. Hver sensor giver et **TRUE** signal, når der er en bil lige over sensoren, som vist herunder:

Styringen skal virke på følgende måde:

Så længe at der er frie pladser i parkeringshuset, skal den grønne lampe **P2** lyse, **P1** skal være slukket og bommen være lukket.

Når en bil aktiverer sensor **B1** skal bommen åbne, og når bilen har passeret sensor **B2** skal bommen lukke og antallet af frie pladser falder med en.

Hvis **M1** har et **TRUE** signal er bommen oppe og en bil kan køre ind. Når **M1** får **FALSE** går bommen ned.
Hvis parkeringshuset bliver fyldt med biler, skal den grønne lampe **P2** slukke, den røde lampe **P1** lyse og bommen må ikke kunne åbne før en eller flere biler har forladt parkeringshuset.

Antallet af frie pladser stiger med 1, når en bil har forladt parkeringshuset. En bil har forladt parkeringshuset, når bilen ved udkørslen har passeret sensor **B3**.

Opgave

Skriv et PLC program til parkeringshuset.

4.8 Gruppering af tre pakker på transportbånd

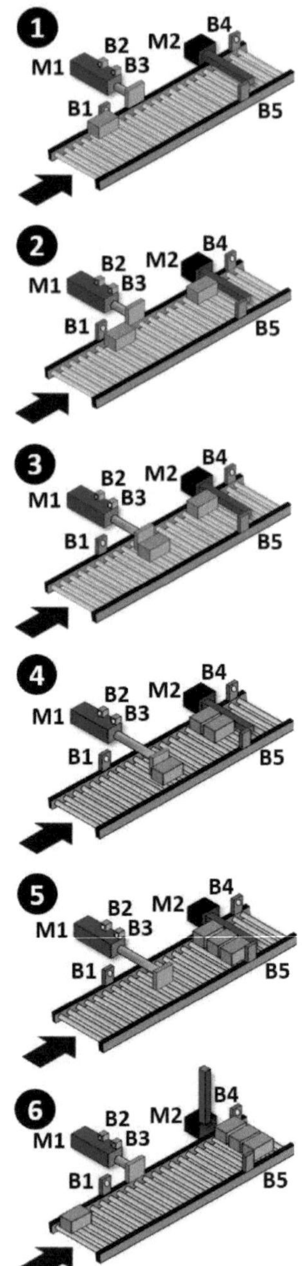

I denne opgave skal du skrive et PLC program som kan skubbe pakker på et transportbånd, så tre pakker er placeret sammen. På den måde kan en robot tage tre pakker samtidig og sætte dem på en palle.

Beskrivelse
Transportbåndet er udstyret med tre digitale sensorer **B1**, **B4** og **B5**, som giver et **TRUE** signal, når der er en pakke lige ud for sensoren.

En cylinder **M1** (aktuator, en elektrisk cylinder) bevæger sig ud, når **M1** for et **TRUE** signal. For at pakkerne bliver placeret korrekt på transportbåndet har cylinderen to sensorer **B2** og **B3**. Sensor **B2** giver et **TRUE** signal når cylinderen har skubbet den midterste pakke (pakke nr. to) til den korrekte placering midt på transportbåndet. Sensor **B3** giver et **TRUE** signal når cylinderen er helt ude, hvor pakke nr. tre skal være.

Et mekanisk stop **M2** sørger for at de tre pakker ligger ved siden af hinanden. Det mekaniske stop hæves op, når **M2** får et **TRUE** signal. Det mekaniske stop sænkes automatisk igen når **M2** får et **FALSE** signal.

Forklaring til billeder
Pakkerne kommer altid ind på transportbåndet helt ude i venstre side af transportbåndet.
Transportbåndet er i drift hele tiden.
Billede (1) viser pakke nr. et netop er ved sensor **B1**. Det mekaniske stop er nede, så pakkerne stoppes.
Billede (2) viser pakke nr. et er ved det mekaniske stop og at pakke nr. to netop har forladt sensor **B1**. Pakke nr. to skal skubbes ud på midten af transportbåndet af cylinderen **M2**, hvilket kan ses på billede (3).
På billede (4) er pakke nr. et og nr. to foran det mekaniske stop og pakke nr. tre er netop skubbet ud til højre side.
Billede (5) viser alle pakker foran det mekaniske stop. Sensor **B5** giver **TRUE** signal.
Billede (6) viser det mekaniske stop er løftet. Det mekaniske stop kan sænkes igen på en faldende flanke (**TRUE** til **FALSE** signal) fra sensor **B4**.

Opgave
Skriv et PLC program ud fra beskrivelsen.

4.9 Kædetræk til kasseløft

I denne opgave skal du udvikle en PLC styring til et kædetræk, der kan løfte kasser fra transportbånd **M3** til transportbånd **M4**:

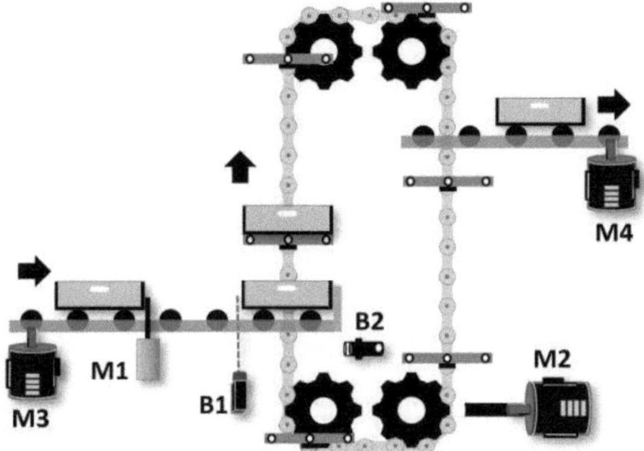

Beskrivelse

Kædetræk er drevet af en motor **M2**. Når **M2** får et **TRUE** signal kører motoren og kæden trækkes rundt. På kæden er monteret seks hylder, som hver kan løfte én kasse fra transportbånd **M3** til transportbånd **M4**.

De to transportbånd **M3** og **M4** kører hele tiden.

Systemet hedder paternoster elevator.

En aktuator (en motor med en arm som kan køre op) **M1** bruges til at stoppe en kasse, mens en anden kasse løftes op med kædetrækket. Når **M1** får et **TRUE** signal kører cylinderen ned, så en kasse kan komme forbi **M1** og hen til kædetrækket.

På en positiv flanke (signal går fra **FALSE** til **TRUE**) fra sensor **B1** skal cylinder **M1** køre op for at stoppe næste kasse.

Når en hylde på kædetrækket er ud for sensor **B2** giver sensoren et **TRUE** signal. Hvis en kasse er på vej hen til hvor den kan løftes, skal kædetræk stoppe (**M2** sættes til **FALSE**), så der ikke sker et sammenstød mellem en kasse og en hylde. En kasse er på vej til at blive løftet, når sensor **B1** har **TRUE** signal. En kasse er klar til at blive løftet, efter en faldende flanke (signal går fra **TRUE** til **FALSE**) fra sensor **B1**.

Når der ikke er nogle kasser på kædetrækket, skal motor **M2** stoppe for at spare energi. Motor **M2** skal først starte igen, når sensor **B1** registrerer (får **TRUE** signal), at en kasse er klar til at blive løftet.

Opgave

Skriv et PLC program til kædetrækket.

4.10 Maskine til pakning af cookies (Auto/man)

En maskine pakker cookies i plastpakker:

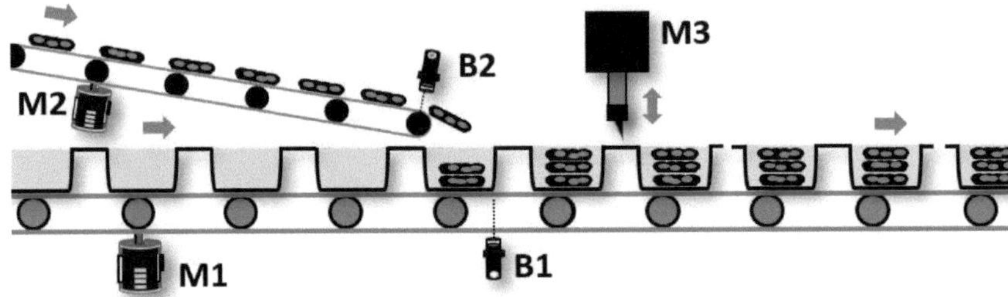

Beskrivelse

Der kommer cookies fra bageriet på transportbånd 2. Fra transportbåndet falder hver cookie direkte ned i en endeløs termoformet plastfoliepakke. Når en cookie forlader transportbånd 2, går signalet fra sensor **B2** fra **TRUE** til **FALSE**.
Transportbånd 2 er styret af motor **M2** og kører mod højre ved **TRUE** signal.
Den endeløse plastfoliepakke kommer på transportbånd 1. Sensor **B1** giver **TRUE** signal når plastfoliepakken er korrekt placeret under transportbånd 2.
Transportbånd 1 er styret af motor **M1** og kører mod højre ved **TRUE** signal.
Der skal være tre cookies i hver plastpakke og derfor skal transportbånd 1 køre frem mod højre, når der er tre cookies i plastpakken.
Der skal være 6 cookies i hver kundepakke, så derfor skæres plastfolien med en kniv styret af motor **M3**. Når motor **M3** får **TRUE** signal går kniven ned og klipper plastfolien. Ved **FALSE** signal trækkes kniven automatisk tilbage med en fjeder.

Betjeningspanel

Maskinen har et betjeningspanel der indeholder en drejekontakt og fem trykkontakter:

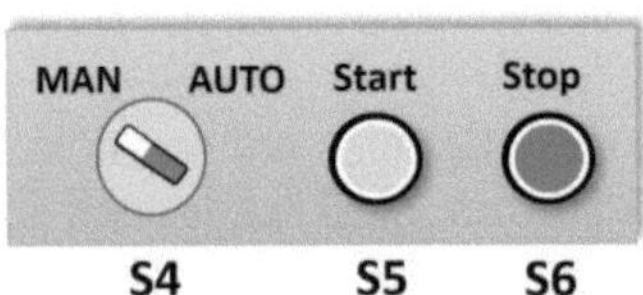

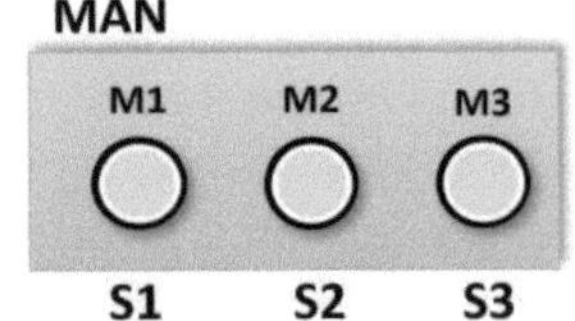

Drejekontakten **S4** bruges til at skifte mellem automatisk drift og manuel drift af maskinen. Ved automatisk drift skal maskinen virke som beskrevet ovenover.
I automatisk drift kan maskinen startes med trykkontakten **S5** og stoppes med trykkontakten **S6.**
Ved manuel drift kan motorerne sættes til **TRUE** med de manuelle trykkontakter **S1**, **S2** og **S3**. Hvis trykkontakten ikke holdes inde, giver kontakten **FALSE** signal.
Den manuelle drift kan bruges til at teste og indstille maskinen.

Opgave

Skriv et PLC program til maskinen.

4.11 Påfyldning af olie i tønder (encoder)

Denne opstilling består af et lille anlæg, der bruges til at fylde olie på tønder:

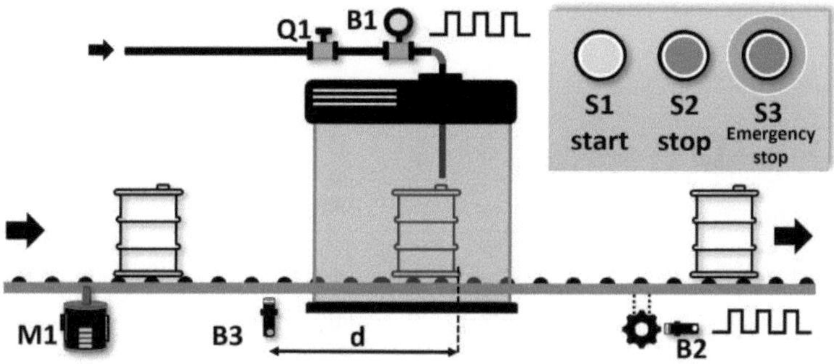

Beskrivelse

Et transportbånd er drevet af en motor **M1**. Transportbåndet kører de tømme tønder ind i et lukket anlæg, hvor påfyldningen af olie foregår. Mængden der fyldes i tønden måles med en digital flowmåler **B1** (denne sensor måler hvor meget olie der kommer gennem røret og giver en digital puls for hver 100 ml.). Da olie er brandfarlig, er der ingen elektriske komponenter i det lukkede anlæg.

Tønden skal placeres præcist lige under fylderøret og derfor bruges et tandhjul og en encoder sensor **B2**, som giver digitale pulser når transportbåndet kører.

Der kan være 800 liter olie i en tønde.

Betjeningspanel

Hele anlægget startes med en manuel trykkontakt **S1** og stoppes med **S2**.

Ved tryk på stop kontakten **S2** skal tønden fyldes og tønden køres ud af det lukkede anlæg inden transportbåndet stopper.

Komponent beskrivelse:

Navn	Type	Beskrivelse
M1	Motor	Driver transportbåndet. Sættes til **TRUE** for at transportbåndet kører.
Q1	Ventil	Elektrisk åben/luk ventil for olie påfyldning. Åben ved **TRUE**.
B1	Sensor	Måler mængde af olie. En puls for hver 100 milliliter [ml].
B2	Sensor	Sensor til encoder. Rullediameter: 15 cm, Afstand d = 120 cm.
B3	Sensor	Giver et **TRUE** signal, når der er en tønde ved sensoren.
S1	Kontakt	Start anlæg. (NO).
S2	Kontakt	Stop anlæg. (NC). Tønde fyldes færdig og køres ud af anlæg.
S3	Kontakt	Stop anlæg straks. Ventil **Q1** lukkes og motor **M1** stoppes (sættes til **FALSE**). Hvis der herefter trykkes på **S2**, køres tønden straks ud.

Opgave

Skriv et PLC program ud fra beskrivelsen.

4.12 Maskine til at klippe kabler (encoder)

I denne opgave skal du udvikle en PLC styring til en maskine, som klipper kabler i en bestemt længe. Billede af maskinen:

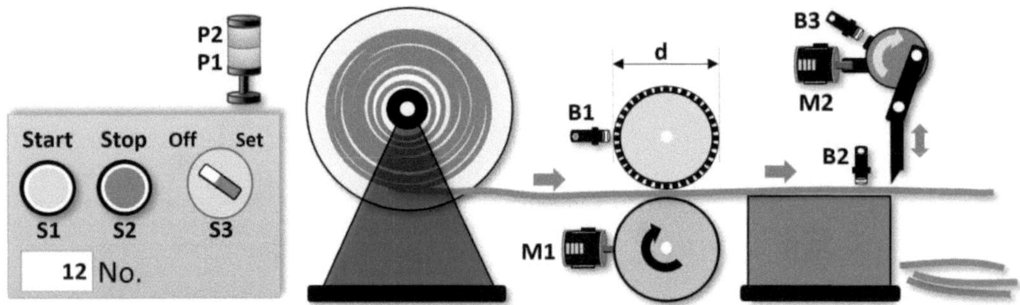

Beskrivelse

Kablet trækkes frem med en motor **M1**. Motoren kører med en fast lav hastighed, når der er **TRUE** signal på **M1**.
En motor **M2** bruges til at klippe kablet. Ved **TRUE** signal på **M2** skal motoren køre én omgang, så kablet klippes over. Sensor **B3** giver **TRUE** signal, når kniven er oppe og kablet kan trækkes frem.
En sensor **B2** giver **TRUE** signal, når der er et kabel.
En encoder sensor **B1** bruges til at måle kabellængden. Diameter **d** er 15 cm.

Lampetårn

Et lampetårn med to lamper **P1** og **P2** bruges til at give besked til operatøren som arbejder ved maskinen. Når der er lys i **P2**, er maskinen færdig med at klippe kabler. Ved lys i **P1** er maskinen i drift og klipper kabler.

Betjeningspanel

Indeholder en start kontakt **S1**, der starter maskinen og klipper det antal kabler der er angivet i "No." indtastningsfeltet.
Stop kontakten **S2** stopper straks **M1** og **M2**. Hvis maskinen ikke er færdig med at klippe det antal kabler, som er angivet i "No" feltet, fortsætter maskinen med at klippe kabler, hvis der efter et stop trykkes på startkontakten **S1**.
Hvis maskinen ikke kører (lys i **P1**), kan kabellængden indstilles med drejeomskifteren **S3**. Dette gøres ved at **S3** sættes i "Set" position, og herefter trækkes kablet det stykke frem som kabellængden skal være. Når **S3** sættes tilbage til "Off" stilling gemmes den målte længde i PLC og det er den nye kabellængde.

Opgave

Skriv et PLC program ud fra beskrivelsen.

5 Opgaver med timere

Dette kapitel indeholder opgaver, der benytter timere. Nogle af opgaverne kræver desuden, at der benyttes logik og tællere til programmet.
Opgaverne stiger i sværhedsgrad gennem kapitlet.

5.1 En drejeomskifter tænder lampe efter 10 sekunder

I denne opgave er en drejeomskifter **S1** og en lampe **P1** forbundet til en PLC:

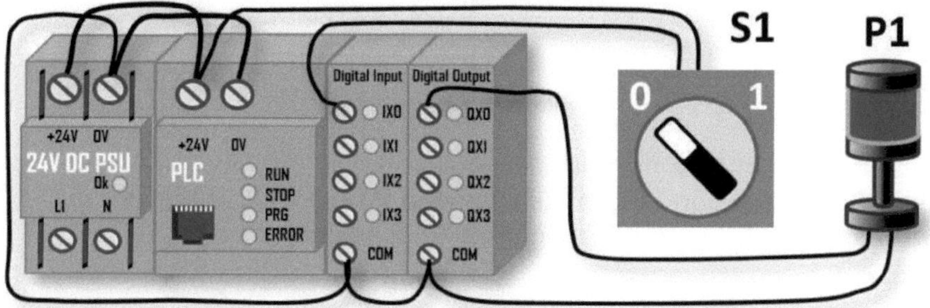

Skriv et PLC program hvor lampen **P1** først tænder 10 sekunder efter at drejeomskifter **S1** er sat til "1" position. Når drejeomskifteren sættes til "0" skal lampen **P1** slukke.

5.2 En lampe skal være tændt i 10 sekunder

I denne opgave er en trykkontakt **S1** og en lampe **P1** forbundet til en PLC:

Skriv et PLC program hvor lampen **P1** starter med at lyse straks efter der er blevet trykket på **S1**. Herefter skal lampen lyse i 10 sekunder og selv slukke igen.
Lampen **P1** må kun lyse i 10 sekunder, selvom trykkontakten **S1** holdes nede i længere tid end 10 sekunder.

5.3 En drejeomskifter får en lampe til at blinke

Her er en opgave med en manuel drejeomskifter **S1** og en lampe **P1**:

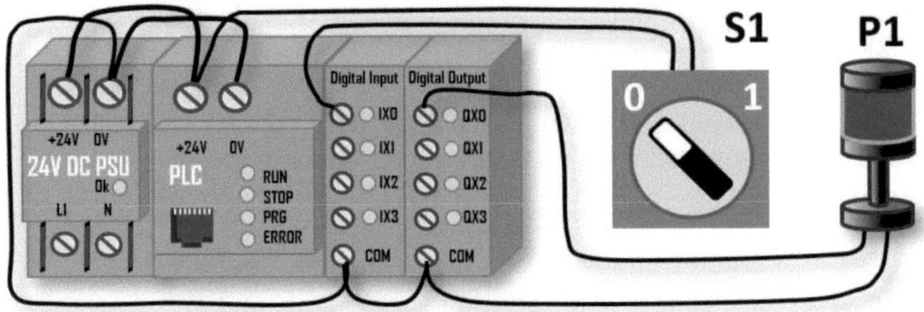

Skriv et PLC program der har følgende virkemåde:

Når drejeomskifter **S1** er i position "1" (on) skal lampen **P1** blinke. Det betyder at lampen skal være tændt i 2 sekunder (on) og slukket i 2 sekunder (off).

5.4 En drejeomskifter får to lamper til at blinke

Her er en opgave med en manuel drejeomskifter **S1** og to lamper:

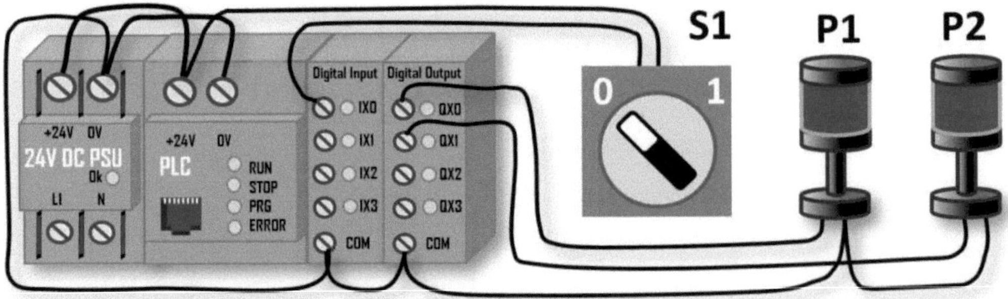

Skriv et PLC program der har følgende virkemåde:

- Når drejeomskifter **S1** er i position "1" (on) skal lampen **P1** lyse konstant.
- Efter 10 sekunder skal både lampen **P1** og **P2** lyse konstant.
- Efter yderligere 10 sekunder skal de to lamper skiftevis blinke med 1 sekunds interval. Det betyder at når **P1** er slukket, er **P2** tændt og omvendt.

5.5 Trykkontakter som ændrer hastighed på lampe blink

I denne opgave er der forbundet to trykkontakter og en lampe til en PLC:

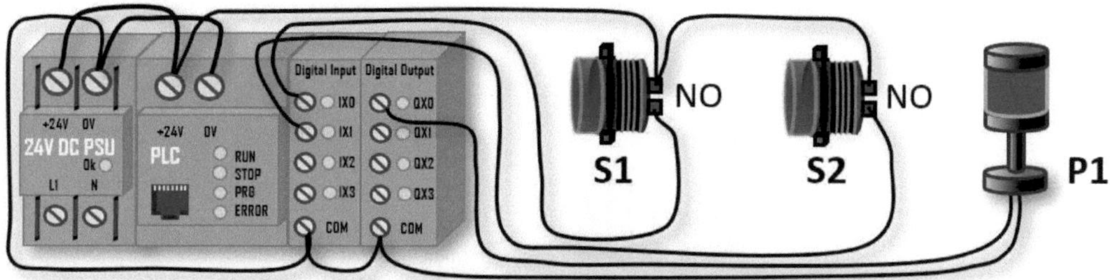

Skriv et PLC program der har følgende virkemåde:

- Når der trykkes på **S1** skal lampen blinke hurtigere og hurtigere, for til sidst at lyse konstant.
- Når der trykkes på **S2** skal lampen blinke langsommere og langsommere, for til sidst at være helt slukket.

5.6 Lampetårn bruges som løbelys

I denne opgave er der forbundet en trykkontakt **S1** og et lampetårn til en PLC:

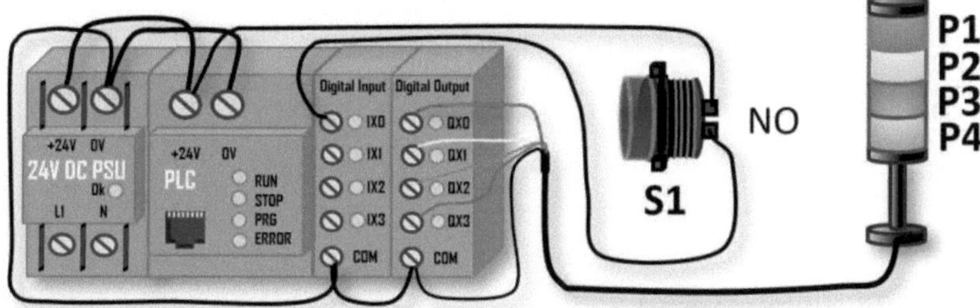

Skriv et PLC program der har følgende virkemåde:

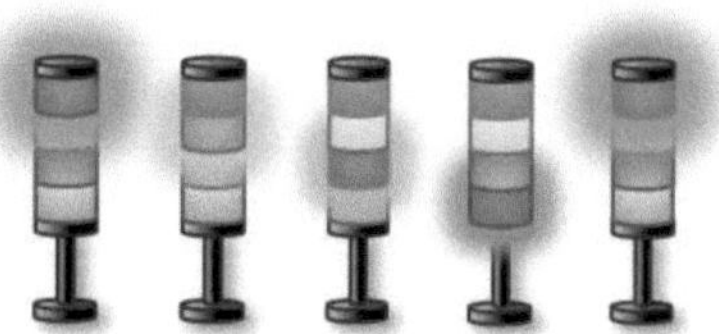

Når der trykkes på **S1** skal der være lys på skift i lamperne: Først tændes **P1**. **P1** slukkes og **P2** tændes. **P2** slukkes og **P3** tændes. **P3** slukkes og **P4** tændes. **P4** slukkes og **P1** tændes.
Og det hele gentages, da det er et løbelys.
En lampe skal være tændt i 2 sekunder.

5.7 Trafiksignal til fodgængerfelt

I denne opgave skal du udvikle en styring til et trafiksignal i et fodgængerfelt.

Fodgængerfeltet ser således ud:

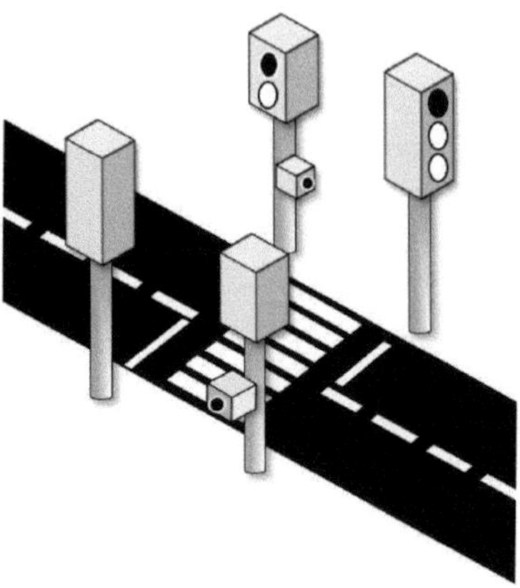

Beskrivelse

Der er konstant grønt lys for køretøjer. Når en fodgænger gerne vil over vejen, skal fodgængeren trykke på trykkontakten ved standeren på den ene eller anden side af vejen. De to trykkontakter er navngivet **S1** og **S2**. Fodgængeren må først gå over vejen, når der er rødt lys for køretøjerne og grønt lys for forgængeren.

Sekvensen for trafiksignalet kan opdeles i disse 6 steps (tilstande) som vist herunder:

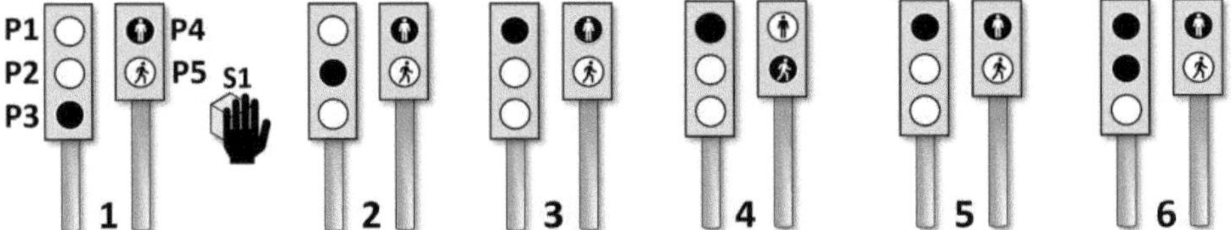

Tabel som viser tiderne mellem hver step:

Skift fra step	Skift til step	Skifte tid
1	2	Ved tryk på **S1** eller **S2**
2	3	8 sekunder
3	4	10 sekunder
4	5	30 sekunder
5	6	5 sekunder
6	1	3 sekunder

Opgave

Skriv et PLC program til trafiksignalet.

5.8 Styring til broklap

I denne opgave skal der udvikles en PLC styring til en broklap:

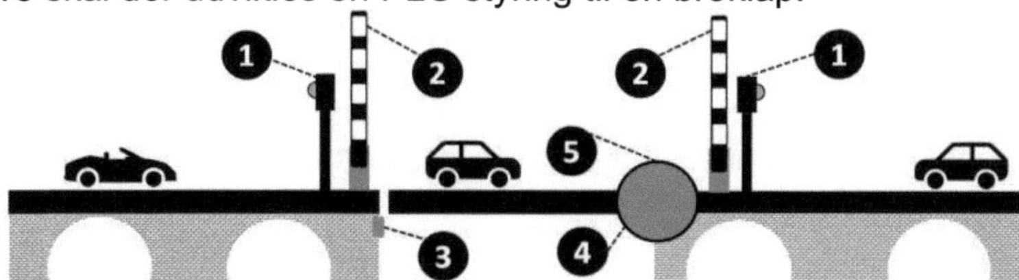

Beskrivelse

De to signallamper (1) er styret fra hver sin digitale udgang fra PLC. Hvis signalet på den digitale udgang er **TRUE**, er der lys i signallampen.
De to bomme (2) er styret fra hver sin digitale udgang fra PLC. Bomme vil svinge ned og lukke for trafikken, når der er et **TRUE** signal på den digitale udgang.
Når den digitale udgang har et **FALSE** signal, vil bommen svinge tilbage og trafikken kan igen passere.
Der er en sensor (3) som giver **TRUE** signal, når broklappen er nede og en sensor (5) giver **TRUE** signal når broklappen er oppe.
Selve broklappen er styret af en stor motor (4), der kan hæve og sænke broklappen. Motoren er styret af to digitale signaler fra PLC. Det ene digitale signal bruges til at tænde motoren og det andet til at sætte retningen på motoren, så broklappen enten går op eller ned. Broen går op, når begge signaler er **TRUE**. Motor skal stoppe med at bevæge sig, hvis trykkontakten C) aktiveres eller der er **TRUE** signal fra sensor (3) eller **TRUE** signal fra sensor (5).
Her er broen åben:

Betjeningspanel

Til at betjene brostyringen skal der være tre manuelle trykkontakter:

A) Åben broklap, B) Luk broklap, C) Stop bevægelse af broklap

Når den manuelle trykkontakt A) aktiveres, skal signal lamper blinke og efter 30 sekunder skal bommen lukke broen. Herefter åbnes broklappen. Lamperne skal blinke med 1 sekund tændt og 1 sekund slukket.
Når den manuelle kontakt B) aktiveres skal broklappen gå ned igen. Når broklappen er nede, skal bommen åbnes igen. Bommen skal have 5 sekunder til at bevæge sig. Når broen igen er åben for trafik, skal signallamperne slukke.

Opgave

Skriv et PLC program til brostyringen.

5.9 Sæk på transportbånd

I denne opgave skal du skrive et PLC program til et lille anlæg, hvor en sæk køres frem på et transportbånd for at blive fyldt og køres tilbage igen.

Der er et transportbånd som drives af en motor **M1** samt to sensorer **B1** og **B2**. De to sensorer er monteret i hver sin ende af transportbåndet. Der er desuden et betjeningspanel med en startkontakt **S1**, en stopkontakt **S2** og en kontakt **S3**, som sætter driften på pause. Herunder er en illustration:

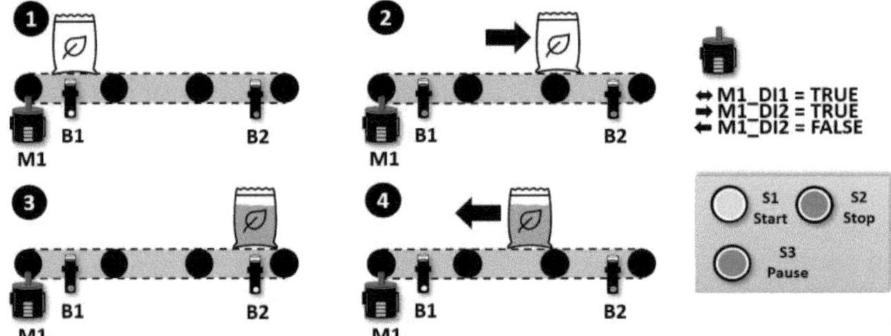

Beskrivelse

Sensorerne **B1** og **B2** giver et **TRUE** signal, når sækken er lige over sensoren.
Sækken sættes på transportbåndet ved sensor **B1**. Ved sensor **B2** bliver sækken fyldt.
Motoren **M1** styres med to digitale indgangssignaler: **M1_DI1** og **M1_DI2**.
Når **M1_DI** er **TRUE** er motoren i drift og transportbåndet kører. Motoren kan skifte køreretning med det digitale signal **M1_DI2**. Hvis **M1_D12** er **TRUE** køres sækken mod højre og hvis signalet er **FALSE**, køres sækken mod venstre.

Virkemåde for programmet

Når sækken placeres ved sensor **B1** og der trykkes på start kontakten **S1**, startes programmet. Se billede (1).
Når programmet er startet, bevæger sækken sig mod højre. Se billede (2).
Når sækken når hen til sensor **B2**, skal sækken fyldes. Det tager 10 sekunder at fylde sækken. Se billede (3). Herefter skal motor vende køreretning, så transportbåndet kører sækken tilbage. Se billede (4).
Når sækken kommer tilbage til start (1), skal transportbånd stoppe.
Hvis operatøren trykker på stopkontakten **S2** stoppes anlægget og sækken skal fjernes fra transportbåndet. Anlægget kan kun startes igen, ved at placere en ny sæk ved sensor **B1** og trykke på startkontakten **S1**.
Hvis operatøren trykker på pausekontakten **S3**, stoppes driften af anlægget straks og kan genstartes på **S1**, uden at der skal være en sæk ved sensor **B1**. En sæk som allerede er på transportbåndet, fortsætter således hvor den er kommet til.

Opgave

Skriv et PLC program ud fra beskrivelsen.

5.10 Malemaskine

I denne opgave skal du skrive et program til en maskine som maler emner.

Illustration:

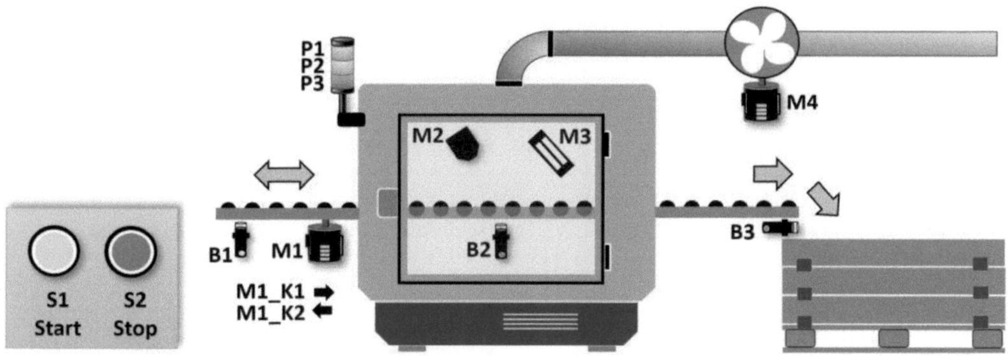

Beskrivelse

Transportbåndet er styret af en motor **M1,** der kan køre et emne mod højre ved at sætte **TRUE** på **M1_K1** og mod venstre ved at sætte **TRUE** på **M1_K2**. Signalerne til motor **M1_K1** og **M1_K2** må ikke sættes til **TRUE** på samme tid.

Et emne som skal males placeres ved sensor **B1.** Når der er et emne ved sensor **B1**, giver **B1** et **TRUE** signal og maskinen kan startes ved at trykke på **S1**. Herefter køres emnet ind i maskinen. Når sensor **B2** giver et **TRUE** signal er emnet i maskinen. Nu startes motoren **M4** til udsugning og maleprocessen startes ved at sætte sprøjtepistolen **M2** til **TRUE**. Der males i 20 sekunder. Herefter skal emnet tørre og det gøres ved at sætte **M3** til **TRUE.** Der skal bruges 30 sekunder på tørring. Til slut skal emnet vente 10 sekunder i maskinen, mens udsugningen **M4** stadig er i drift. Herefter slukkes udsugningen **M4** og emnet køres tilbage til sensor **B1**.
Hvis operatøren trykker på stop kontakten **S2**, imens et emne er ved at blive malet eller tørret, skal emnet kasseres. Dette gøres ved at sættes **M1_K1** til **TRUE** indtil sensor **B3** giver **TRUE** signal. Emnet er således havnet i pallen for kasserede emner.

Lampetårn

Et lampetårn med tre lamper **P1**, **P2** og **P3** bruges til at give besked til operatøren som arbejder ved maskinen. Når der er lys i **P1**, er maskinen klar til at modtage et nyt emne. **P2** er driftslampen, som skal være tændt når operatøren har trykket på **S1** og maskinen er i drift. Hvis operatøren har trykket på **S2**, når maskinen er i gang med et emne, skal **P3** være tændt, mens emnet køres ud til pallen med kasserede emner.

Opgave

Skriv et PLC program ud fra beskrivelsen.

5.11 Motorstyring med relæer og tacho hour tæller

I denne opgave skal du skrive et PLC program til at styre en motor.

Opstillingen er som vist herunder:

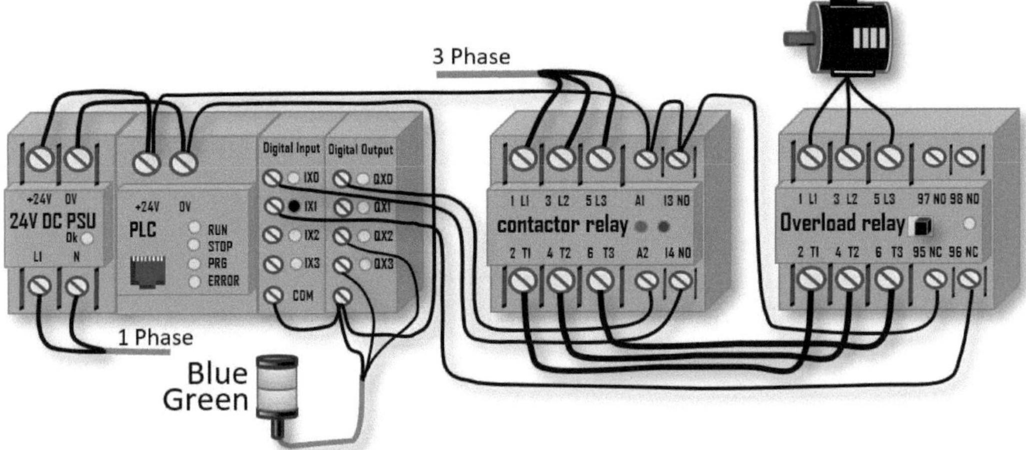

Komponenter i opstillingen

Der er et kontaktorrelæ, overload relay (overbeskyttelse relæ), en motor og et lampetårn med to lamper. Komponenterne er alle forbundet med ledninger og kabler som vist på tegningen. Der er et digitalt tilbagemeldingssignal til PLC fra både overbeskyttelses relæ og kontaktor relæ.

Der er desuden en manuel trykkontakt:

Kravspecifikation

Når der trykkes på **Power** kontakten skal motoren køre (motoren er i drift) og når der igen trykkes på **Power** kontakten skal motoren stoppe. Det er fysisk en normal kontakt med fjeder retur, men skal virke som en toggle kontakt i PLC programmet.

Når motoren kører, skal der være lys i **Green** lampen.

Når motor er stoppet, skal der være lys i **Blue** lampen.

Der skal i PLC programmet være følgende funktioner:

- En tæller som tæller hvor mange gange motoren har været startet.
- En Tacho Hour tæller (tachotimer), som tæller hvor mange sekunder og minutter motoren har været i drift.

Opgave

Skriv et PLC program ud fra beskrivelsen.

5.12 Tidsstyring af mixer i processtank

I denne opgave skal du skrive et program til tidsstyring af en mixer i en processtank.

Opstillingen er som vist herunder:

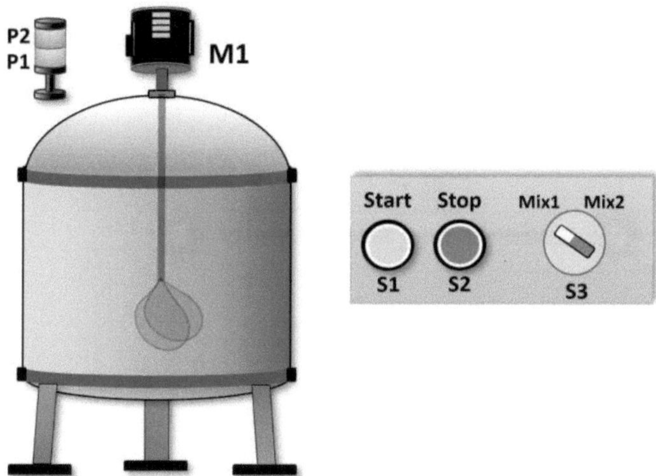

Beskrivelse

På toppen af processtanken er en motor **M1**, der driver en mixer.

Den automatiske driftsperiode startes med den manuelle trykkontakt **S1** og stoppes med den manuelle trykkontakt **S2.**

S1 er en Normally Open (NO) kontakt og **S2** er en Normally Closed (NC) kontakt.

Automatisk drift

Driftsperioden er fem minutter og i den periode skal der være lys i lampen **P1**. Når de fem minutter er gået, skal **P1** slukke og **P2** tænde.

I driftsperioden kan der mixes på to forskellige måder. En operatør kan vælge mellem de to måder ved at benytte manuelle drejeomskifter **S3**. De to måder er:

Mix1: Mixer er tændt i 10 sekunder og slukket i 20 sekunder.

Mix2: Mixer er tændt i 20 sekunder og slukket i 10 sekunder.

Ved tryk på stopkontakten **S2** sættes tiden på pause. Der fortsættes igen med tryk på startkontakten **S1**.

Opgave

Skriv et program ud fra beskrivelsen.

5.13 Pallemagasin

I denne opgave skal du udvikle en PLC styring til et pallemagasin. Et pallemagasin indeholder en stak med paller og benyttes i mange virksomheder som har en produktion.

Et pallemagasin er en lille maskine som automatisk kan tage en ny palle fra stakken med paller.

Her er en illustration af pallemagasinet:

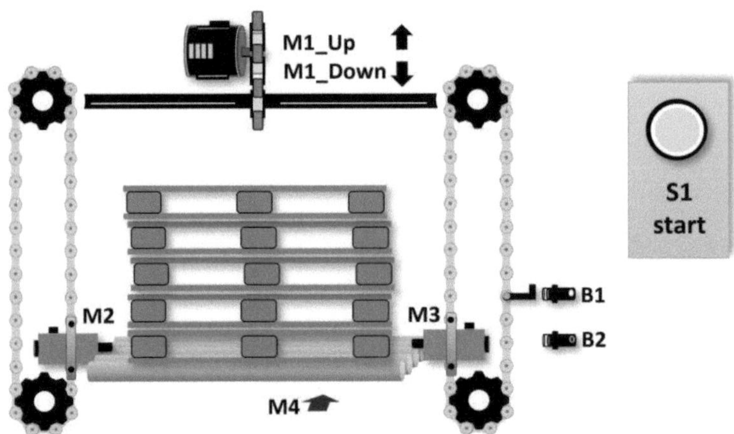

Beskrivelse

Hver gang der ønskes en palle, skal en operator trykke på den manuel kontakt **S1.** Det er altid den nederste palle som tages fra stakken.

Pallemagasinet har et motorstyret kædetræk, som kan løfte hele stakken med paller.

Sensorer

Sensor **B1** giver **TRUE** signal, når stakken med paller ikke må køres længere ned.

Sensor **B2** giver **TRUE** signal, når stakken med paller ikke må køres længere op.

Der er ingen sensor som giver signal, når der ikke er flere paller i stakken.

Cylindere

To cylindere **M2** og **M3** benyttes til at fastholde hele stakken med paller, imens den nederste palle køres væk på transportbånd **M4**. Transportbåndet **M4** sørger for at køre pallen derhen hvor den skal bruges. Transportbånd **M4** må kun køre, når pallen skal køres væk.

De to cylindere **M2** og **M3** kører ind mod stakken med paller, når cylinderne får **TRUE** signal. De skal have **TRUE** signal i 10 sekunder, før der er sikkerhed for at cylinderne er presset helt ind mod en palle.

Herunder er seks billeder af pallemagasinet i forskellige situationer i processen:

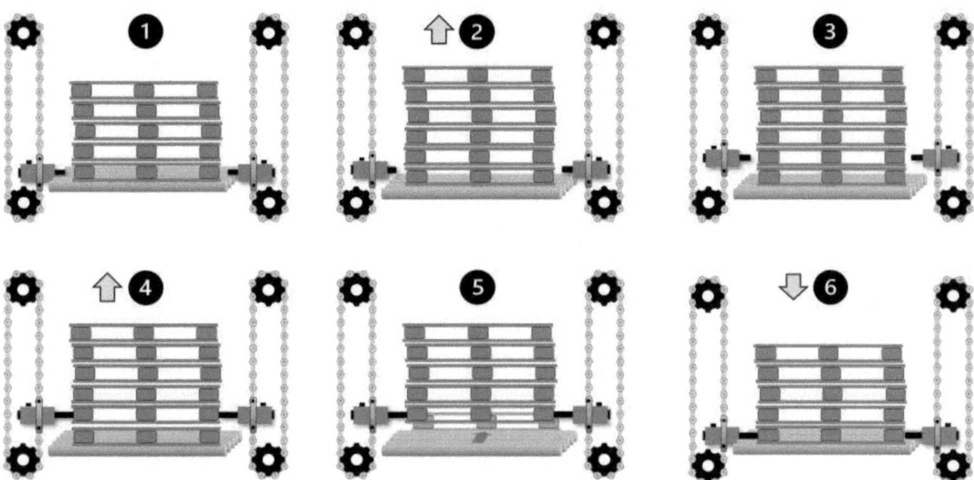

Forklaring til billederne:

❶ Start situation. Hele pallestakken står på transportbåndet.

❷ En operatør har trykket på **S1**, for at få en palle. De to cylindere skal nu køres op til den 2. nederste palle. Dette gøres ved at sætte **M1_Up** til **TRUE**. Der stoppes med at køre op, når sensor **B2** får **TRUE** signal, for det betyder at cylinderne er ud foran den 2. nederste palle i stakken.

❸ De to cylindere er nu ud for den 2. nederste palle og cylinderne kan køres ind til pallen. Dette gøres ved at sætte **M2** og **M3** til **TRUE**. Først efter 10 sekunder må pallestakken løftes, da det tager tid for cylinderne at være helt inde ved pallen og fastholde den.

❹ Pallestakken løftes, undtaget den nederste palle. Pallestakken skal kun løftes et lille stykke og det gøres ved, at sætte **M1_Up** til **TRUE** i 5 sekunder.

❺ Når pallestakken er løftet, kan den nederste palle køres væk med transportbånd **M4**. Det tager 12 sekunder at køre pallen væk. Pallen skal være væk før hele stakken med paller kan sænkes ned på transportbåndet igen.

❻ Pallestakken sænkes igen, ved at sætte **M1_Down** til **TRUE.** Cylinderne må ikke komme helt ned til transportbånd **M4**, da dette kan skade pallemagasinet. Derfor skal **M4** stoppe når sensor **B1** får **TRUE** signal**.** Tilslut sættes de to cylindere til **FALSE** signal, så cylinderne ikke mere har fat i pallestakken. Det tager 10 sekunder for cylinderne at køre væk fra pallestakken.

Opgave
Skriv et PLC program til pallemagasinet.

6 Opgaver med analoge signaler

Dette kapitel indeholder opgaver hvor en analog inputværdi fra f.eks. en sensor skal omregnes ved hjælp af lineær skalering. Værdien fra det analoge indgangsmodul skal omregnes, så værdien er brugbar i et PLC program.

I alle opgaverne benyttes et analog indgangsmodul på 12 bit.

6.1 Analog signal fra temperatur sensor

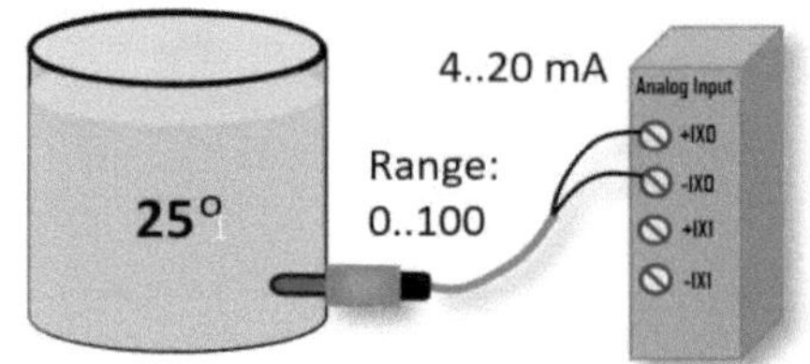

En temperatur sensor har måleområdet 0 til 100 grader og er forbundet til en 4 til 20 mA analog indgang.

Temperatur sensor måler 25 grader.

Hvilken værdi (tal) kan aflæses fra det analoge indgangsmodul?

Skriv PLC kode der kan skalere værdien fra det analoge indgangsmodul til 25.

6.2 Analog signal fra potentiometer

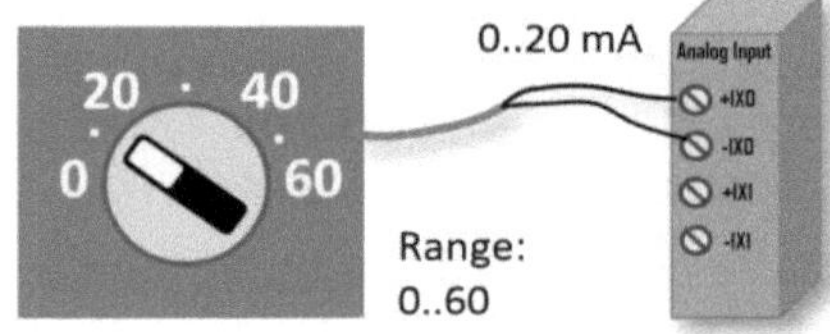

Et potentiometer kan indstilles til en værdi i området 0 til 60 og er forbundet til en 0 til 20 mA analog indgang.

En operator har indstillet potentiometer til 10.

Hvilken værdi (tal) kan aflæses fra det analoge indgangsmodul?

Skriv PLC kode der kan skalere værdien fra det analoge indgangsmodul til 10.

6.3 Analog signal fra vægt

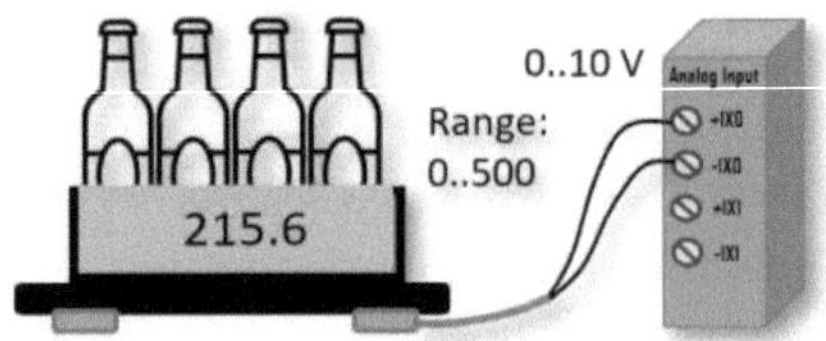

En kasse med tomme flasker er placeret på en vægt.

En analog udgang fra vægten er forbundet til en 0 til 10 V analog indgang.

Kassen med flasker vejer 215,6 g

Hvilken værdi (tal) kan aflæses fra det analoge indgangsmodul?

Skriv PLC kode der kan skalere værdien fra det analoge indgangsmodul til 215,6.

Her er opgaver hvor en analog udgangsværdi skal omregnes ved hjælp af lineær skalering. Dette er relevant når en PLC skal styre eksterne enheder som f.eks. hastigheden på en motor.

I alle opgaverne benyttes et analog udgangsmodul på 12 bit.

6.4 Værdi til frekvensomformer

Hastigheden på en frekvensomformer er styret fra en PLC.
En analog udgang fra PLC er forbundet til en analog indgang på frekvensomformer.
Reguleringsområde: 0 til 50 Hz.
Frekvensomformer skal køre 47 Hz.
Hvilken værdi skal PLC programmet skrive til den analoge udgang?
Skriv et PLC program der kan omregne 47 til den værdi, der skal skrives til udgangskortet.

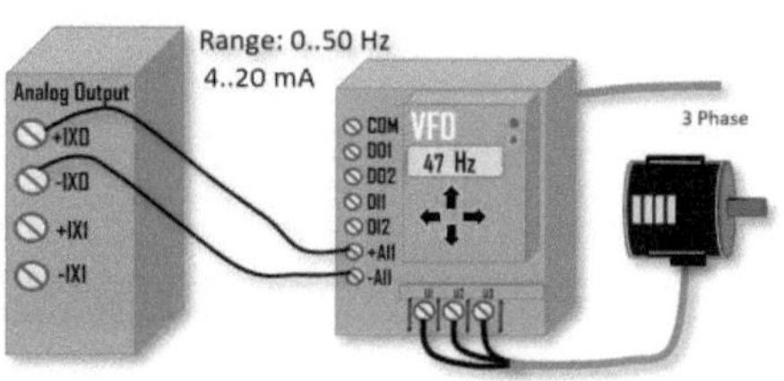

6.5 Værdi til dosering af pulver

En motor til pulverdosering er styret fra en PLC.
En analog udgang fra PLC er forbundet til en analog indgang på motoren.
Reguleringsområde: 0 til 120 RPM.
(omdrejninger pr minut).
Motor skal køre 30 RPM.
Hvilken værdi skal PLC programmet skrive til den analoge udgang?
Skriv det PLC program der kan omregne 30 til den værdi, der skal skrives til udgangskortet.

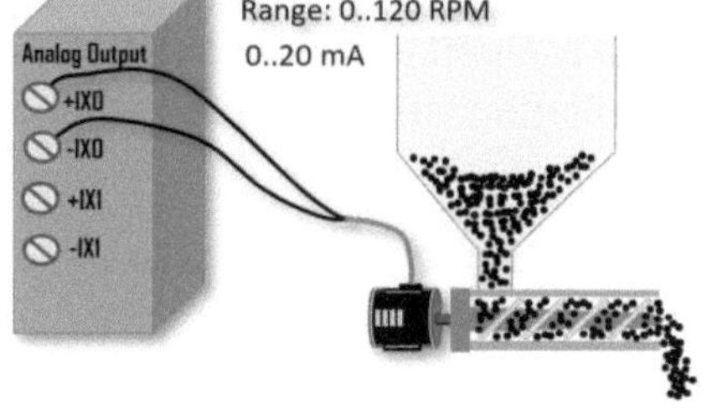

6.6 Værdi til reguleringsventil

En reguleringsventil (en vandhane, kaldes også for positioner) til at regulere væske hastighed, er styret fra en PLC.
En analog udgang fra PLC er forbundet til en analog indgang på reguleringsventil.
Reguleringsområde: 0 til 100 % (0% = lukket).
Ventil skal være åben 15,5%.
Hvilken værdi skal PLC programmet skrive til den analoge udgang?
Skriv det PLC program der kan omregne 15,5 til den værdi, der skal skrives til udgangskortet.

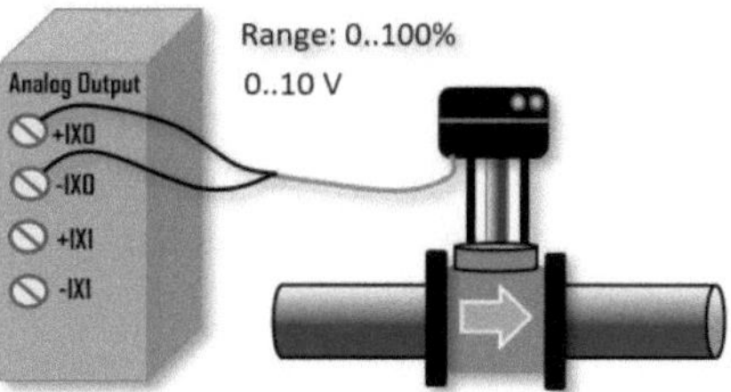

6.7 Vejning af kufferter i en lufthavn

I denne opgave skal du udvikle en PLC styring der kan veje og tælle kufferter i en lufthavn, som vist herunder:

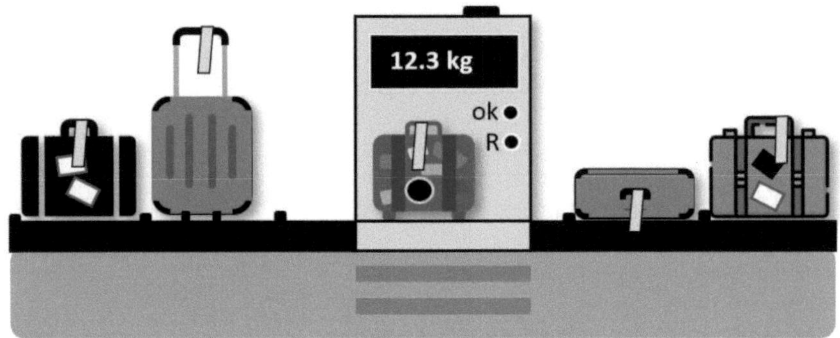

Beskrivelse

Hver kuffert bliver vejet af en vægt. Vægten der bruges til at veje en kuffert, kan veje en kuffert fra 0 til 50 kg. Vægten er forbundet til en PLC via en analog indgang.

På fronten af vægten er der to manuelle trykkontakter "ok" og "R", som begge er Normally Open (NO) kontakter.

Når kufferten står på vægten, skal operatøren trykke på "ok" for at registrere vægten.

Krav til PLC programmet:

1) Skal indeholde en tæller, som viser antallet af alle kufferter der er blevet vejet.
2) Der skal beregnes en gennemsnitsvægt af alle kufferter.
3) En kuffert tilhører en vægtklasse efter følgende tabel:

Kuffert størrelse	Vægtklasse	Antal
0 til 5 kg	Small	?
Fra 5 til 10 kg	Normal	?
Fra 10 til 20 kg	Large	?
Større end 20 kg	Over size	?

Programmet skal tælle hvor mange kufferter (antal), der er i hver vægtklasse.

Operatøren kan kunne nulstille alle tællere ved at trykke på kontakten "R", som betyder reset.

Opgave

Skriv et PLC program der opfylder de nævnte krav.

6.8 Luksus håndtørrer med tidsstyring og progress bar

I denne opgave skal du udvikle en styring til en luksus håndtørrer. Den findes på mange toiletter og har den fordel, at der ikke er behov for papir eller håndklæder til at tørre hænder.
Det er en luksus håndtørrer, med et varmeelement **E1** og mulighed for indstilling af den tid håndtørreren skal være tændt:

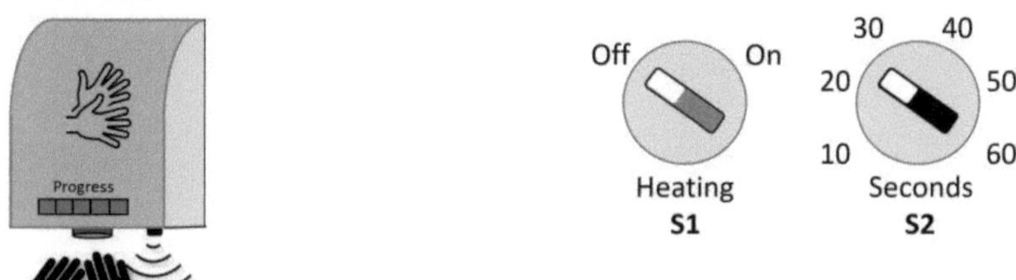

Beskrivelse

Håndtørreren har indbygget en luft blæser, der er drevet af en motor **M1**. Der kommer luft ud for neden af håndtørreren, hvor hænderne kan tørres.
I bunden af håndtørreren er en sensor **B1**, der registrerer bevægelser fra hænder. Når sensoren har "set" hænderne, giver sensor **B1** et **TRUE** signal. Dette **TRUE** signal bruges til at starte motoren. Motoren skal køre i den tid, der er indstillet på det analoge potentiometer **S2** (en tid mellem 10 og 60 sekunder). Motoren skal selv slukke når tiden er gået.

Dele inde i håndtørren

Komponenterne er sammen med en lille PLC indbygget i håndtørreren:

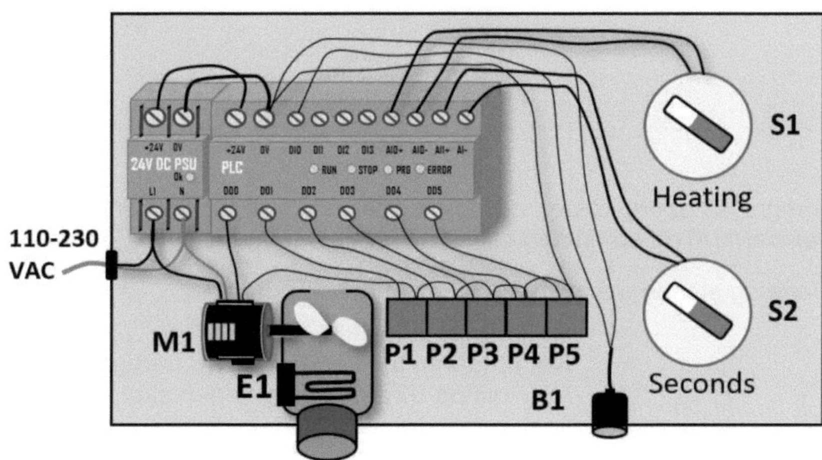

Progress bar
Håndtørreren har en Progress bar med fem lamper (**P1** til **P5**), hvor brugeren kan se hvor meget tid der er tilbage. Når håndtørreren tænder (se billede 1) er der lys i alle 5 lamper og som tiden går slukker lamperne en efter en. Tilslut (se billede 3) er alle lamper slukket og håndtørreren stopper:

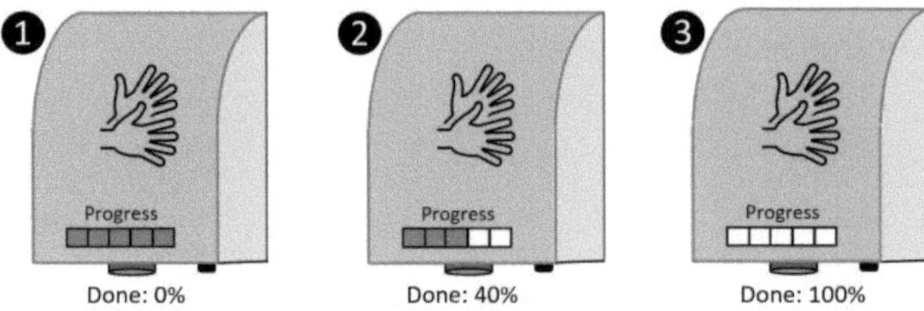

Varmeelement
Varmelegemet **E1** må kun være tændt sammen med motor **M1** og varme kan fravælges ved at sætte omskifteren **S1** i "Off" stilling.

Opgave
Skriv et PLC program til håndtørreren.

6.9 Beregning af pris for opladning af elbil

I denne opgave skal du udvikle en PLC styring der kan beregne, hvor meget det koster at lade en elbil.

For at beregne hvad det koster at lade en elbil, skal strøm og spænding måles. Strøm måles i ampere [A] og spænding måles i volt [V].

For at starte og stoppe målingen benyttes et betjeningspanel:

Betjeningspanel
Når brugeren trykker på **S1** skal beregningen starte.
Ved tryk på **S2** skal beregningen stoppe.

For at beregne den prisen som der skal betales for opladningen, skal den brugte mængde [kWh] ganges med den aktuelle pris på strøm [kr./kWh]. Den aktuelle pris på strøm kan du finde på internettet.

Til at måle ampere og strøm benyttes to elektronik moduler, som er indbygget i ladestanderen til elbilen:

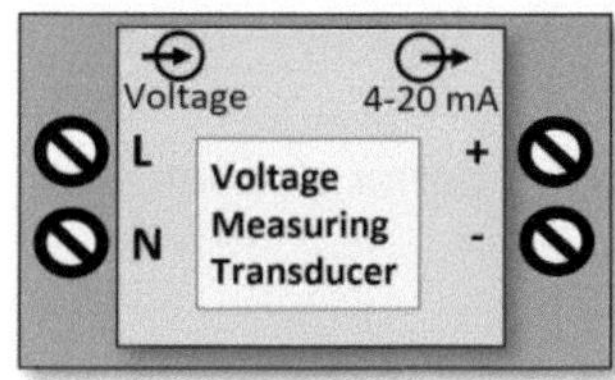

Voltage Measuring Transducer
Dette elektronikmodul måler den aktuelle spænding fra elværket og det kan f.eks. være 230 V.

Den aktuelle spænding er en analog værdi som ikke direkte kan forbindes til et analogt indgangsmodul på en PLC. Derfor skal der bruges et elektronikmodul som f.eks. en ”Voltage Measuring Transducer”. Modulet foretager en lineær skalering (omsætter) af en spænding i området 0 til 400 V til en værdi i området 4-20 mA.

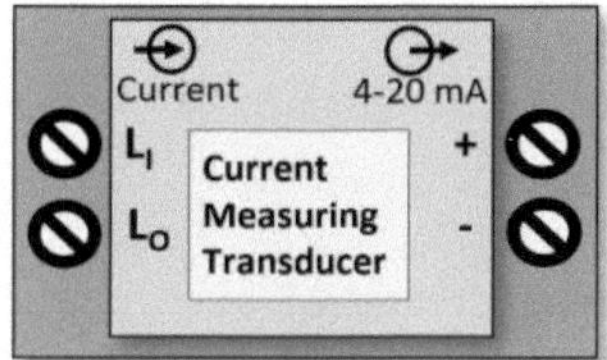

Current Measuring Transducer
Dette elektronikmodul måler den aktuelle strøm som batteriet i elbilen lades med og det kan f.eks. være 20 A.

Den aktuelle strøm er en analog værdi som ikke direkte kan forbindes til et analogt indgangsmodul på en PLC. Derfor skal der bruges et elektronikmodul som f.eks. en ”Current Measuring Transducer”. Modulet foretager en lineær skalering (omsætter) af strøm i området 0 til 40 A til en værdi i området 4-20 mA.

Beregning
Det aktuelle forbrug (effekt) P måles i watt [W] og beregnes således:

P = U*I*cos(phi), U = Spænding, I = strøm, cos(phi) sættes til 1.

Det aktuelle forbrug vises normalt som kilowatt [kW] og kW = W / 1000.

Den mængde der er brugt, er målt over en tidsperiode og er kWh (Kilowatt pr. time).

Eksempel på beregnng
Hvis en elbil lader med 10 A, spændingen er 230 V og der lades i 15 min er forbruget:

(10 * 230 * 15) / (60 * 1000) = 0,575 [kWh], hvor 60 er minutter på 1 time.

Husk at det aktuelle forbrug (effekt) ikke er konstant under ladningen af et batteri, hvilket betyder at der skal tages et gennemsnit af en række målinger. Du skal selv vurdere, hvad der er et passende gennemsnit.

Opgave
Lav en PLC styring der kan beregne hvad en opladning koster.

7 Anvendt matematik i PLC program

Dette kapitel indeholder opgaver hvor relevante matematik formler og matematiske beregninger skal programmeres i en PLC.

En del PLC programmer kræver brug af matematik og formler, og derfor er øvelserne i dette kapitel et godt udgangspunkt for at lære dette.

7.1 Beregn volumen af en processtank

En processtank har form som en cylinder.

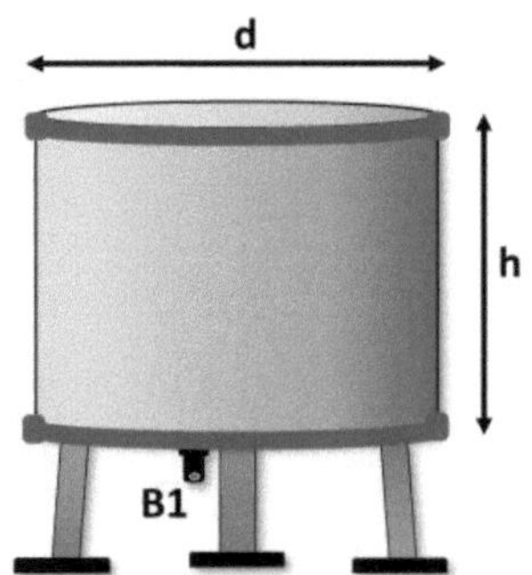

Data for processtanken
Diameter: d = 1,4 meter
Højde: h = 2,75 meter

I bunden af processtanken er monteret en analog niveausensor **B1**, som måler væskehøjden.

Opgave
Skriv et PLC program som beregner volumen i processtanken ud fra den målte væskehøjde.

7.2 Beregn volumen af en høj silo

En høj silo har form som en cylinder med en keglestub i bunden.

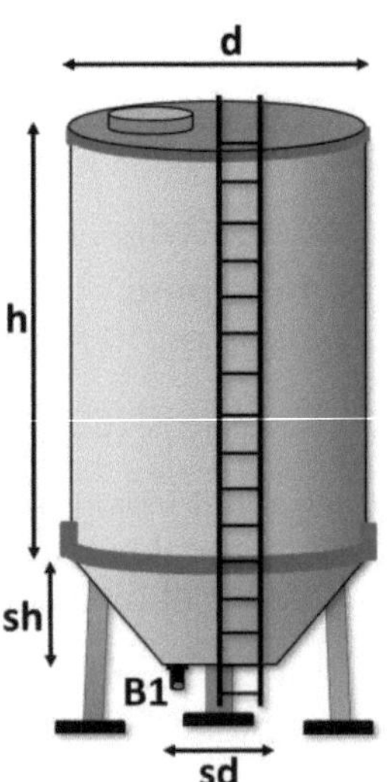

Data for silo
Diameter: d = 3,4 meter
Højde: h = 8,50 meter
Keglestub højde: sh = 1,2 meter
Keglestub diameter: sd = 0,8 meter

I bunden af processtanken er monteret en analog niveausensor **B1**, som måler væskehøjden.

Opgave
Skriv et PLC program som beregner volumen i siloen ud fra den målte væskehøjde.

7.3 Beregn hastighed af transportbånd

Der er monteret to digitale sensorer **B1** og **B2** på et transportbånd.

Afstanden mellem de to sensorer er d = 0,8 meter.

Opgave
Skriv et PLC program som beregner hastigheden af transportbåndet.

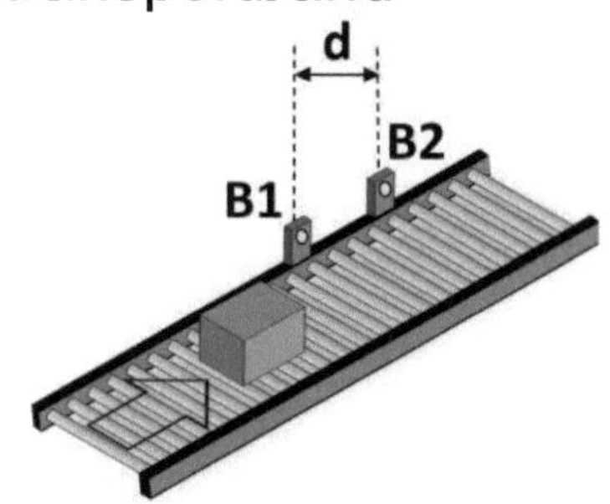

7.4 Beregn hvornår bassin til regnvand er fyldt

Et stort bassin til opsamling af regnvand som ser ud som dette:

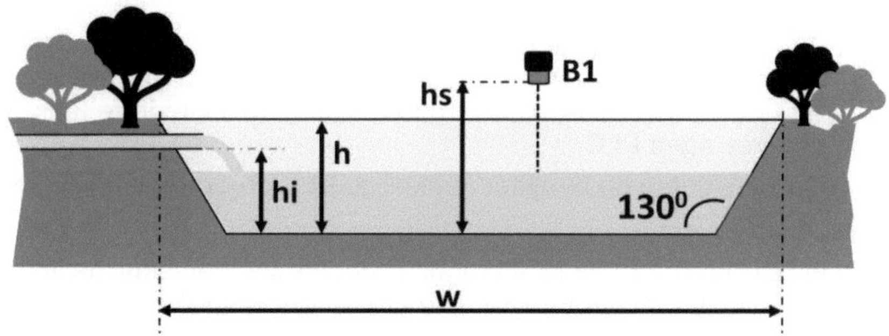

Bassinet har form som en omvendt pyramidestub, hvor bredderne er lige lange.

Data for bassin
Bredde: **w** = 12 meter
Højde af bassin: **h** = 4,00 meter
Højde til indløbsrør: **hi** = 3,50 meter
Højde til niveau sensor **B1**: **hs** = 5 meter

En analog sensor **B1** måler afstanden ned til vandet.

Bassinet er fyldt med vand, når vandet når op til indløbsrøret (Målte vandhøjde = **hi**).

Opgave
Skriv et PLC program som løbende beregner, hvor lang tid der går inden bassinet er fyldt med vand.

7.5 Beregn volumen af cylinder tank som ligger ned

Virksomheden OleTank Aps udvikler og sælger tanke til væsker. De forskellige tanke har form som en cylinder og ligger ned. Enderne på tankene er flade.

Her er billeder af en tank:

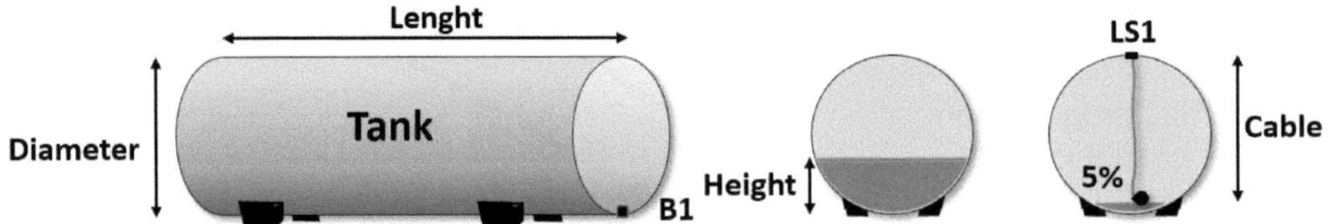

Beskrivelse

Virksomheden vil gerne levere to sensorer sammen med tanken:

- En sensor **B1** til at måle niveauet i tanken (analog niveau måling).
- Low Level switch **LS1** (lav niveau kontakt eller flydevippe).

Desuden vil virksomheden gerne levere det nødvendige PLC program til at beregne den aktuelle væske volumen i tanken, så kunderne nemt kan integrere tank beregningerne i deres egen PLC.

Kunderne er maskinbyggere og benytter forskellige PLC programmeringssprog.

Der er følgende opgaver:

1) Skriv et PLC program der skal bruges til at beregne den aktuelle volumen i tanken. Husk at argumentere for dine valg af løsning(er).

Modul test

For at teste PLC koden vælges en tank med følgende data:

Diameter på 4 meter og en længde på 6 meter.

2) Design og udfyld et testskema med det nødvendige antal test punkter. Hvilket betyder at du udvælger et passende antal væske niveauer i tanken og den forventede beregnede volumen. Hernæst testes PLC programmet og resultaterne fra PLC programmet skrives ind i testskemaet.
3) Low Level switch skal give et digitalt signal, når der er 5% væske (volumen) tilbage i tanken. Hvor langt skal sensor kablet være inde i tanken, når sensoren hænger ned fra toppen af tanken?
4) Beskriv og vis hvordan det er muligt at programmere en løsning, som løbende overvåger om de to sensorer virker.

7.6 Beregn mængden af sten og jord

I denne opgave skal du udvikle en PLC styring, der kan beregne mængden af sten og jord som kommer fra en transportør i en grusgrav:

Illustration:

Virkemåde

En transportør flytter sten, grus, jord eller sand så der skabes en stor bunke. Transportøren har fået monteret to analoge afstandsmålere **B1** og **B2**.

De tre illustrationer viser følgende:

❶ Startsituationen. Her er ingen bunke og de to sensorer måler samme afstand.
❷ Denne bunke består af både sten og jord, og er derfor meget høj og small.
❸ Denne bunke består kun af jord og er derfor mere flad, end den er høj.

Afstanden mellem de to sensorer er d = 50 cm.

Form af de forskellige bunker

Det forudsættes at bunken med marialer har form som en kejestup, men med forskellige hældning, da bunker med sten, grus, jord eller sand kan have forskellige hældninger. Afhængig af materialet er nogle bunker derfor høje og smalle, mens andre bunker er mere flade.

Opgave

Skriv et PLC program som kontinuerligt beregner følgende:

1) Mængden (volumen) af materiale i bunken.
2) Mængden (volumen pr. tidsenhed) af tilført materiale til bunken.
3) Hele tiden (kontinuerligt) beregne det tidspunkt, hvor der ikke kan være mere materiale under transportøren.

7.7 Afstand mellem træplader på transportbånd

En maskine saver en lang træplade op i mindre træplader og træpladerne ligger tæt på transportbånd **M1**.

Træpladerne skal ligge med en bestemt afstand. Dette gøres ved, at PLC programmet skal sørge for, at der skal være en højere hastighed på transportbånd **M2**, end på transportbånd **M1.**

Illustration:

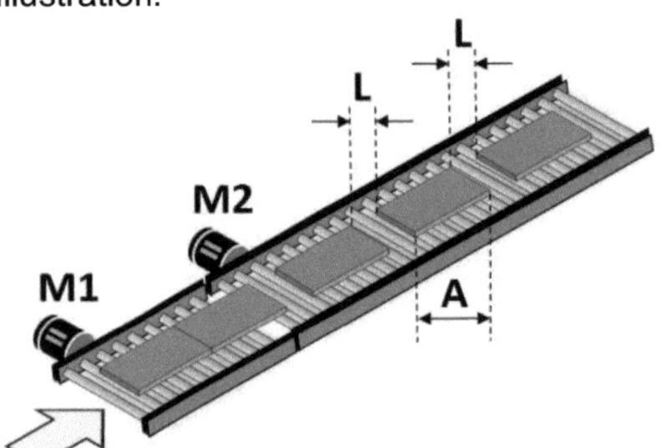

Beskrivelse
Afstanden mellem pladerne er **L** og pladerne har en størrelse som er **A**.

De to motorer **M1** og **M2** som driver de to transportbånd, er helt ens.

Diametrene på rullerne på de to transportbånd er helt ens.

Motorerne **M1** og **M2** er styret med et analog 4-20 mA signal fra PLC og hastigheden på motorerne kan indstilles til at være mellem 0 og 1000 RPM (PRM betyder omdrejninger pr. minut).

Opgave
Skriv det PLC program der kan sætte hastigheden RPM på motor **M2** ud fra hastigheden RPM på motor **M1**, så der opnås en afstand mellem pladerne på **L**.

7.8 Fyld betonbil

I denne opgave skal du skrive et PLC program som kan fylde en betonbil.

Virkemåde
Et transportbånd drives frem af en motor **M1**. Transportbåndet har form som en ligebenet trapez.

Transportbåndet bruges til at fylde en betonbil med flydende beton. Hvor højt et betonlag der er på transportbåndet, måles med en analog sensor **B1**. Sensoren måler afstanden (**Lm**) ned til betonlaget. Den afstand kan naturligvis variere, mens transportbåndet kører og betonbilen fyldes med flydende beton.

Opstillingen er som vist herunder:

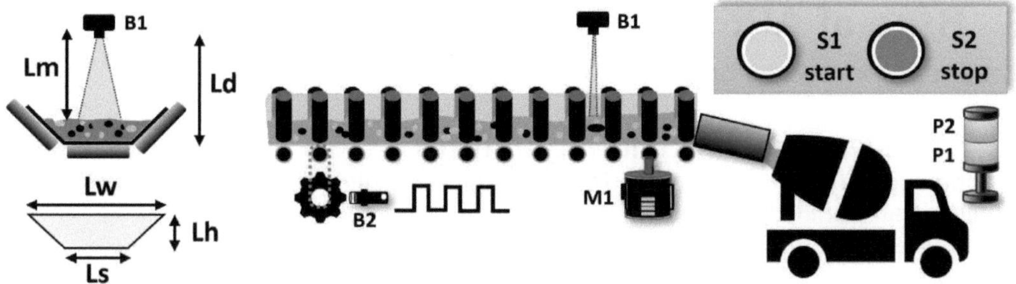

Transportbåndet er udstyret med en encoder sensor **B2**. Denne sensor afgiver digitale pulser når transportbåndet er i drift.

Der kan være op til 12 m^3 flydende beton i en betonbil.

Beskrivelse af komponenter:

Navn	Type	Beskrivelse
M1	Motor	Driver transportbånd. Sættes til **TRUE** for at transportbåndet kører.
B1	Sensor	Måler afstanden ned til den flydende beton. Måleområde: 0 til 2 meter.
B2	Sensor	Sensor som bruges som encoder. Digitalt signal. Rullediameter: 10 cm.
S1	Kontakt	(NO) Start anlæg. Betonbilen fyldes med den valgte mængde beton.
S2	Kontakt	(NC) Stop anlæg. Der stoppes straks.
P1	Lampe	Lys når transportbåndet er i drift.
P2	Lampe	Lys når transportbåndet ikke er i drift.

Tabel over afstande:

Afstand	Beskrivelse
Lm	Afstanden til toppen af betonlaget. Måles af sensor **B1**.
Lw	Største bredde af transportbåndet: 80 cm.
Ls	Mindste bredde af transportbåndet: 40 cm.
Lh	Højde på transportbåndet: 30 cm.
Ld	Afstand fra sensor til bunden af transportbåndet: 140 cm.

Det skal være muligt for operatøren at vælge, hvor stor en mængde beton der skal fyldes i betonbilen. Dette valg kan ikke ændres efter at operatøren har trykket på start kontakten. Anlægget stopper selv, når betonbilen er fyldt med den valgte mængde beton.

Opgave
Skriv et PLC program, der kan fylde betonbilen.

8 Brug af ARRAY i PLC program

Dette kapitel indeholder opgaver, hvor du kan lære at bruge ARRAY.

8.1 Skiltevogn til regulering af trafik

I denne opgave skal du udvikle en PLC styring til en skiltevogn, der kan bruges til at regulere trafikken. Illustration af skiltevogn:

Beskrivelse

Skiltevognen har en ramme med lamper på ladet som kan vippes op, når trafikken skal reguleres. Lamperne er monteret i en matrix på rammen, og lamperne kan tændes så de viser disse signaler til bilisterne:

Lampe signaler

Signalerne betyder:

1) Kør til venstre,
2) Vejbane spæret,
3) Kør til højre,
4) Kør max. 30 km/t,
5) Kør max. 50 km/t og
6) Lamper slukket.

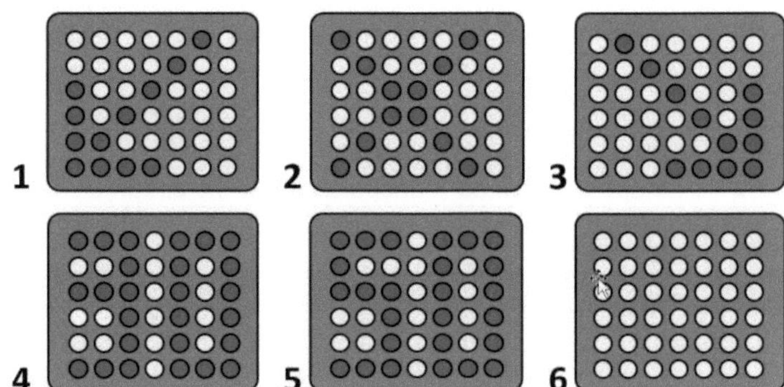

Betjeningspanel

Der er et betjeningspanel, hvor operatøren kan trykke for at vælge hvilket signal der skal benyttes:

I denne opgave skal du selv definere passende navne til variabler (TAGS).

Opgave

Skriv et PLC program til skiltevognen.

8.2 Sortering af data fra maskine

En maskine fylder fire flasker i kasser, som vist herunder:

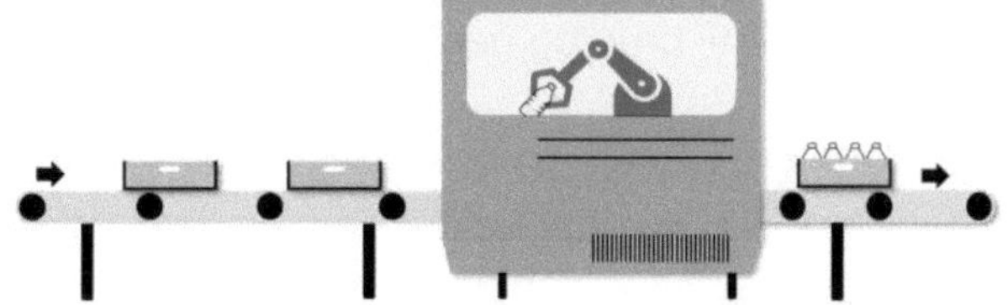

Beskrivelse

En PLC tæller hvor mange kasser der er kommet igennem maskinen hver time. For at have en god programstruktur opsamles antallet af kasser i et **ARRAY**.

Her er et **ARRAY** som indeholder antallet af kasser, der er kommet gennem maskinen, hver time, de sidste 12 timer:

121	47	67	165	119	82	0	145	114	78	67	45

Opgaver

Du skal nu løse fem opgaver i forbindelse med de opsamlede data:

1) Opret ARRAY

Du skal oprette et **ARRAY** i PLC programmet med de opsamlede data.

2) Total antal af kasser

Du skal nu programmere en løkke (LOOP funktion) som kan bruges til at tælle det samlede antal kasser, der er kommet igennem maskinen de sidste 12 timer.

3) Gennemsnit

Du skal ved hjælp af en LOOP funktion, finde det gennemsnitsantal pr. time der er kommet gennem maskinen.

4) Bedste produktion

Du skal ved hjælp af en LOOP funktion finde det højeste antal (165) som er kommet igennem maskinen.

5) Sortering

Du skal nu sortere data for at skabe et bedre overblik over de opsamlede data. **ARRAY** skal derfor sorteres, så de største værdier er placeret helt til venstre og de laveste værdier helt til højre:

165	145	121	119	114	82	78	67	67	47	45	0

9 Udvikling af funktioner og funktionsblokke

Dette kapitel indeholder opgaver, hvor formålet er lære at designe og udvikle funktioner og funktionsblokke til brug og genbrug i et PLC program.

9.1 Funktion der kan lægge to tal sammen

Opret en funktion der har to input variabler der hedder: **Tal1** og **Tal2**.

Funktionen skal lægge de to input variabler sammen og returnere resultatet. Variabelnavn på returvariablen skal hedde: **TalSum12**.

Find selv et passende navn til funktionen.

Blokdiagram:

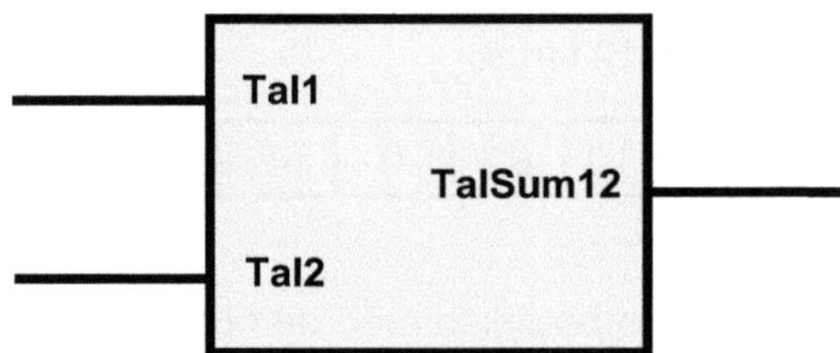

9.2 Funktion der kan gange to tal sammen

Opret endnu en funktion der har to input variabler som hedder: **Tal3** og **Tal4**. Funktionen skal gange de to variabler sammen og returnere resultatet. Resultatet skal ikke, som i den forrige opgave placeres i en selvstændig variabel, men skal returneres via funktionens indbyggede returværdi.

Find selv et passende navn til funktionen.

Blokdiagram:

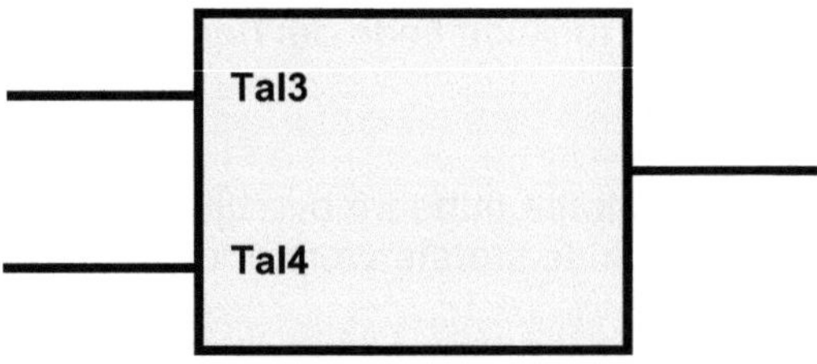

9.3 Funktionsblok der kan lægge to tal sammen

Opret en kopi af funktionen fra forrige opgave, hvor to tal blev lagt sammen, som nu skal det være en funktionsblok.

Tæller

Tilføj en tæller i funktionsblokken som tæller 1 op for hver gang funktionen er blevet kaldt. Tællerværdien skal også returneres, så funktionen nu har to returvariabler, - tallet der er lagt sammen og tællerværdien.
Find selv et passende navn til funktionen.

Navne på variabler skal være som vist i blokdiagrammet:

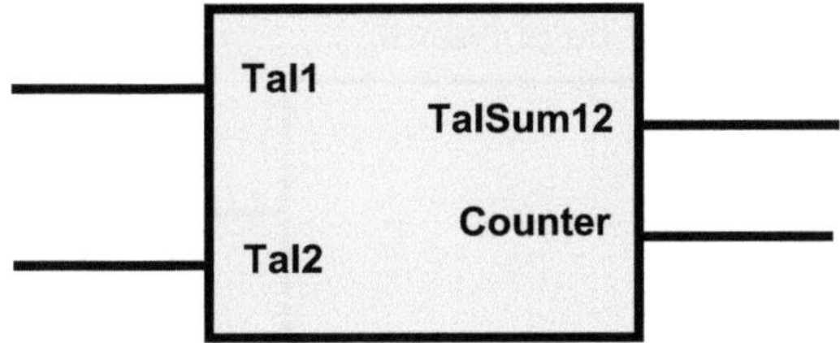

9.4 Funktion der foretager programkald til andre funktioner

En funktion skal returnere et resultat, hvor to tal enten bliver lagt sammen eller hvor to tal er ganget sammen.
Du skal til denne opgaver bruge de funktioner du har oprettet i opgave 9.1 og 9.2.

Input variabler

Opret en funktion der har tre input variabler og en retur værdi. De to er normale variabler, men den tredje variabel bestemmer hvad der skal ske med de to normale variabler. Den tredje variabel skal kunne antage to forskellige værdier:
Hvis det er den ene værdi, skal funktionen oprettet i opgave 9.1 kaldes, så de to tal lægges sammen, ellers skal funktionen oprettet i opgave 9.2 kaldes, så de to tal bliver ganget sammen.
Du skal selv bestemme datatype for variablen **FuncSelect** samt de to forskellige værdier **FuncSelect** kan antage, for programkald til en af de to funktioner.

Blokdiagram over funktion:

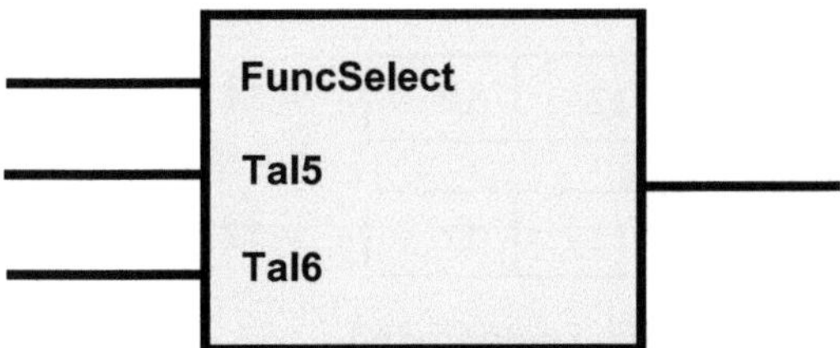

Funktionens returværdi er beregningen med **Tal5** og **Tal6**.

9.5 Funktion til beregning af hastighed på kasse

I denne opgave skal du programmere en funktionsblok, der beregner hvor hurtigt en kasse bevæger sig på et transportbånd mellem sensor **B1** til sensor **B2.**

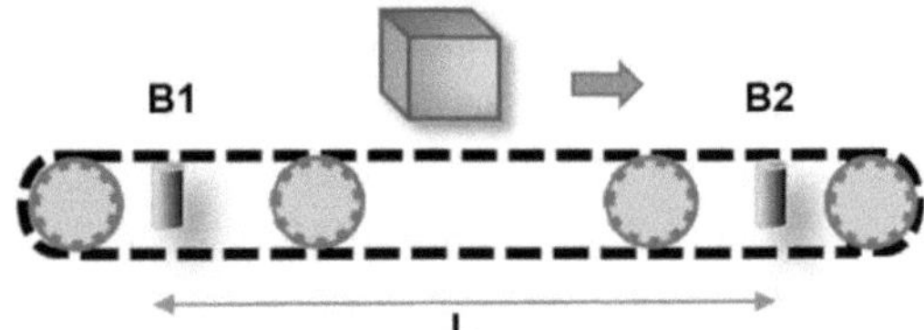

Sensor **B1** og **B2** giver et **TRUE** signal, når kassen er ud for sensoren.

Design forslag til en funktionsblok, hvor **B1**, **B2** og afstanden **L** er inputværdier til funktionsblokken og variablen **Speed** er outputværdi:

9.6 Funktion til gennemsnitsberegning af måleværdier

Programmer en funktionsblok der beregner løbende gennemsnit af de tre seneste målinger fra en analog sensor. Funktionsblokken skal have en inputværdi (målingen) og en outputværdi (Gennemsnittet).
Her er vist gennemsnitsberegningen for fem programkald til funktionsblokken, hvor de seneste værdier fra sensoren er 10,12,11 og 13:

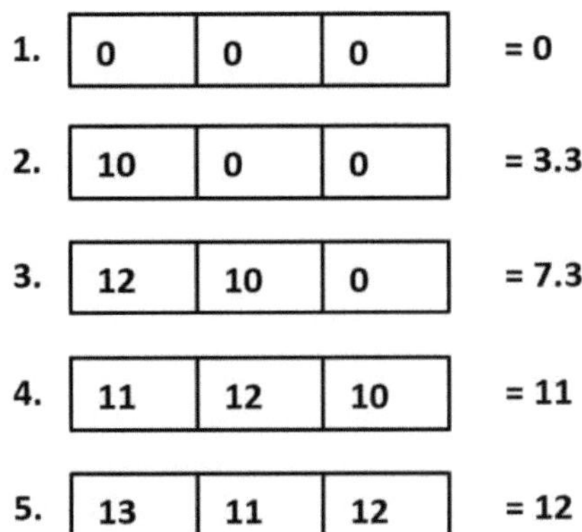

1.	0	0	0	= 0
2.	10	0	0	= 3.3
3.	12	10	0	= 7.3
4.	11	12	10	= 11
5.	13	11	12	= 12

Hvor tal helt til højre viser det beregnede gennemsnit.

9.7 Funktionsblok som er et 24-timers ur

I denne opgave skal du programmere en funktionsblok der er et 24-timers ur.
Funktionsblokken skal kunne bruges på alle typer PLC.
Tiden der udlæses, skal være i sekunder (ss), minutter (mm) og timer (hh).
Forslag til design af funktionsblok:

Det skal være muligt at stille uret til den aktuelle tid.

9.8 Funktion til skift mellem 24-timers og 12-timers ur

Design en funktion der kan skifte mellem tid: 12-timers ur eller 24-timers ur.

Design forslag:

9.9 Konvertering mellem timer og time decimal

Normalt vises tid i timer og minutter. Hvis to tidsperioder skal lægges sammen, kan det være en fordel at omregne timer og minutter til visning i time decimal. F.eks. 10 timer og 30 minutter skal være 10.5 i time decimal.
Programmer en funktion som konverterer fra time til time decimal og en funktion der konverterer fra time decimal til timer.

Design forslag:

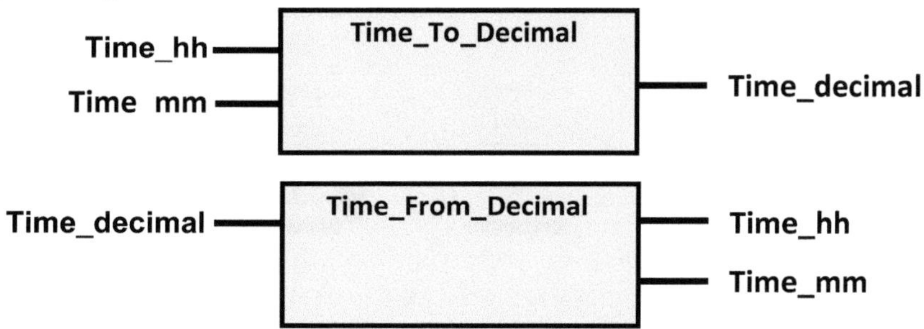

9.10 Beregning af størrelse på en kasse

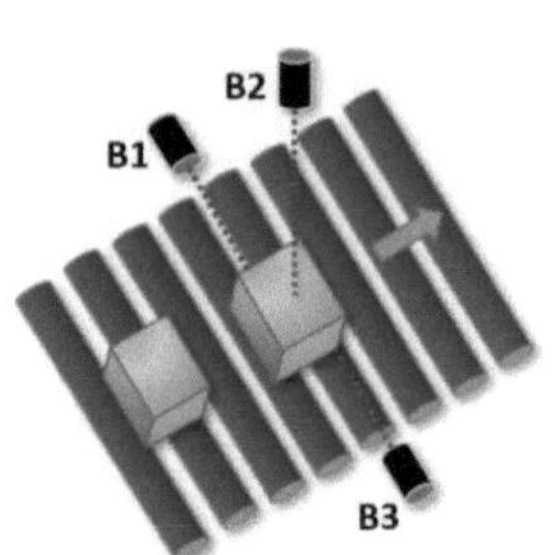

Til at måle volumen på en kasse benyttes tre analoge sensorer og hastigheden på et transportbånd.

Kasser er altid firkantede og ligger parallelt på båndet.

Design og programmer en funktion eller funktionsblok, der kan beregne volumen af en kasse.

9.11 Funktion til beregning af antal paller i pallestak

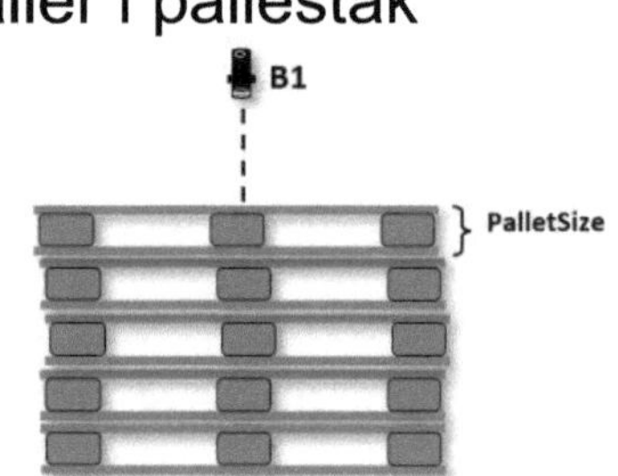

Design og programmer en funktion der kan tælle (måle) hvor mange paller, der er stablet i en stak. Alle paller i samme stak, er af samme type palle.

Der skal bruges en afstandsmåler **B1** som er placeret oven over pallerne.

Funktionen skal have palle størrelsen **PalletSize** som input variabel, så funktionen nemt kan genbruges, til forskellige typer af paller.

Forslag til design af funktion:

9.12 Opladestation til fem elbiler

I denne opgave skal du udvikle et PLC program til en opladningsstation, som kan oplade op til fem elbiler:

Kundelogin

Når en elbil skal oplades, skal kunden først logge ind med sit kundenummer og PIN kode.

Kunderne er oprettet i PLC programmet og der er de kunder, som vist i tabellen til højre:

Kundenummer	PIN kode
00001	2356
00002	9080
00003	1356
00004	6532
00005	9012
00006	5490

Når kunden er logget ind, skal kunden vælge en af de fem ladestandere og trykke "start" for at starte en opladning.

Energimåling

For at måle hvor meget energi der bruges på en opladning, benyttes et Energy Meter:

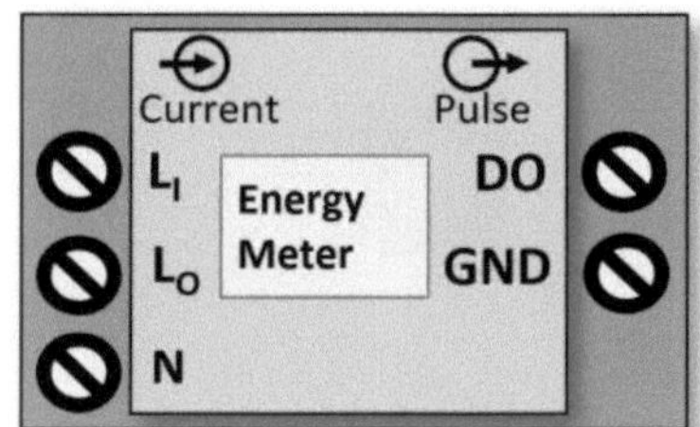

Energy Meter

I en eltavle i hver ladestander er der monteret et Energy Meter, som måler det aktuelle forbrug under opladningen af elbilen.

Energy Meter har en digital udgang **DO** som er forbundet til en digital indgang på en fælles PLC. Der er således i alt 5 stk. Energy Meter.

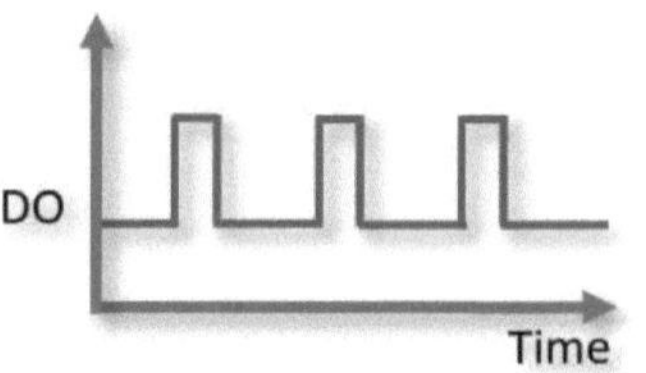

Pulstog

Hver gang et Energy Meter har målt 1 [Wh] sættes en puls på udgangen **DO** og den puls har en længde på 150 ms. Dvs. at hver gang der har været 1000 pulser er der brugt 1 [kWh].

Det er således den fælles PLC som opsamler alle pulser for en opladning og beregner det samlede forbrug.

Beregning af pris

For at beregne den pris som der skal betales for opladningen, skal den brugte mængde [kWh] ganges med den aktuelle pris på energi. Den aktuelle pris på energi [kWh] kan du finde på internettet.

Når kunden trykker på "stop" stoppes opladningen og prisen vises indtil næste kunde logger ind.

Du skal selv designe et brugerpanel.

Opgave

Design og programmer en PLC styring til opladningsstationen.

10 Programmering med STRING og STRUCT

Dette kapitel indeholder opgaver hvor du kan lære at bruge STRING. Der er desuden opgaver med STRUCT og ENUM (enumerate).

10.1 Alarmkoder fra frekvensomformer

En frekvensomformer er forbundet til en PLC med en Fieldbus:

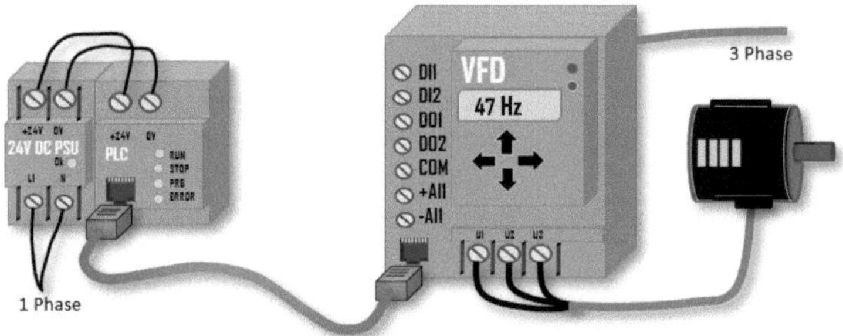

Beskrivelse

Frekvensomformeren har alarmovervågning på en lang række værdier og målinger. Hver alarm har en alarmkode (et tal) og alle alarmkoder bliver opsamlet i frekvensomformeren og sendt til PLC i en **STRING**.

Indholdet af en **STRING** kan se ud som dette:

"120;34;30;1;45;30;12;10;90;30;130;10"

Der er således 12 alarmkoder i det viste eksempel, men der kan være forskellige antal alarmkoder i den enkelte **STRING**. Alarmkoderne er adskilt af semikolon og som det ses, kan en alarmkode forekomme flere gange.

Opgave

Skriv et program der tæller sammen hvor mange gange alarmkode "30" forekommer.

Opgavebesvarelsen skal indeholde to løsningsforslag:

A) Der skal bruges den indbyggede standard string **FIND** funktion til at finde hvor mange gange alarmkode "30" forekommer.

B) Alarmkoder flyttes til et **ARRAY** og et FOR-loop bruges til at gennemløbe hele **ARRAY** og tælle hvor mange gange alarmkode "30" forekommer.

10.2 Design og print label til kylling

I denne opgave skal du udvikle et program, der kan printe en label til en kylling.

Kyllingen ligger i en plast bakke (1) og transporteres på et transportbånd hen til en vægt (2). Efter kyllingen er vejet, skal den have en label udskrevet af en printer (3):

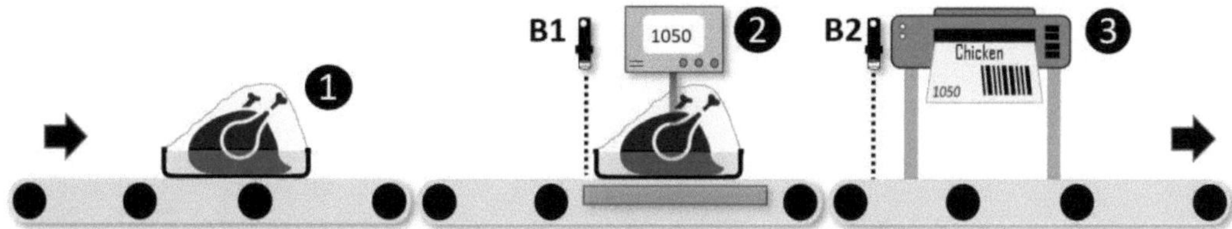

Vægten (2)
Kyllingen er klar til at blive vejet, når signal fra sensor **B1** går fra **TRUE** til **FALSE**. Vægten har en 4-20 mA analog udgang, som angiver den aktuelle vægt. Målområde: 0 til 2000 gram.

Label Printer (3)
Labelprinteren er forbundet til PLC via en Fieldbus.

Der er følgende variabler tilgængelige i Fieldbus protokollen til labelprinteren:

Variabelnavn (TAG)	Datatype	Beskrivelse
TextLine1	**STRING**	Max. 40 tegn.
TextLine2	**STRING**	Max. 40 tegn.
TextLine3	**STRING**	Max. 40 tegn.
TextLine4	**STRING**	Max. 40 tegn.
WriteText	**BOOL**	Udskiv på en positiv flanke.

Variablerne **TextLine1** til **TextLine4** udfyldes med den tekst der skal stå på labelen og de data skal sendes til printeren, når variablen **WriteText** sættes til **TRUE**. Printeren udskriver en label på en positiv flanke af **WriteText** variablen. Label skal udskrives når kyllingen er ved printeren. Kyllingen er ved printeren, når signalet fra sensor **B2** går fra **TRUE** til **FALSE.**

Krav til tekst på label (fire linje tekst):

- Der skal angives den aktuelle vægt på kyllingen.
- Der skal stå pakkedato (den aktuelle dag og klokkeslæt).
- Mindst holdbar til: 10 dage frem fra den aktuelle dag.

Opgave
Design en label til kyllingen og skriv det tilhørende PLC program.

10.3 Sortering af postpakker ved brug af visionkamera

I denne opgave skal du udvikle et PLC program der kan sortere postpakker. Opstillingen er vist herunder:

Beskrivelse

Postpakkerne transporteres på et transportbånd (8). En motor (aktuator) med en vippearm (1 - 4) kan svinge ud og en sliske sørger for at pakken kommer ned i den rigtige container. Hver postpakke (9) har en label med en postkode (postnummer) som kan være i intervallet 0000 til 9999.

Visionkamera

Et visionkamera (5) kan direkte aflæse postkoden på pakken, som vist på de tre billeder herunder:

Visionkameraet er forbundet til PLC med et netværkskabel (fieldbus) og postkoden kan derfor direkte aflæses i PLC fra en variabel, som har datatypen **STRING**.

Hvis visionkameraet ikke kan se en postkode på en pakke er **STRING** variablen uden indhold (""). Det betyder at **STRING** variablen er sat til "".

En pakke med postkoden "PC2035" skal i container nummer 2, da denne container indeholder pakker med en postkode i intervallet 2000 til 4999.

Pakker uden adresse label, uden postkode og ukendt postkode skal i den sidste container (6), som er placeret for enden af transportbånd. En postkode som f.eks. "AB00" og "0000" er således ugyldige værdier.

Der er kun en pakke på transportbåndet ad gangen. Det tager 10 sekunder fra vision-kameraet har aflæst postkoden til pakken er i den rigtige container. Herefter skal vippearmen sættes tilbage, så næste pakke kan komme forbi.

Opgave

Skriv et PLC program som kan sortere postpakkerne i den rigtige container.

10.4 ENUM for en motor (DriftStatus)

En motor kan befinde sig i forskellige drift tilstande:

Stop, Starting, Run, Stopping, Alarm, Service, None, Manuel

Disse samles i en **ENUM** som skal hedde **DriftStatus**.

Hvor tilstanden **None** sættes som default værdi.

Bemærk at ikke alle PLC fabrikanter understøtter brugen af **ENUM**. Hvis **ENUM** ikke er mulig i den PLC du bruger, kan du benytte **CONST**.

Opgave
Opret en **ENUM** ud fra de nævnte krav.

10.5 STRUCT for en motor (MotorType)

En **STRUCT** som hedder **MotorType** skal indeholde værdierne:

TAGName, MotorSize, Power, **DriftStatus**, Temperature, Hz, tacho hours, AlarmBit

DriftStatus blev defineret i forrige opgave (10.4).

Du skal selv finde passende datatyper og passende default værdier.

Opgave
Opret en **STRUCT** ud fra de nævnte krav.

10.6 Opstart og drift af 10 motorer

Et lille anlæg har 10 motorer:

Opret et **ARRAY** med 10 motorer af typen **Motortype**. (se evt. forrige opgave 10.5).

Opgave
Skriv et PLC program som starter alle 10 motorer.

Først skal motoren sættes i tilstanden **Starting**, hvor den befinder sig i 2 sekunder, dernæst skal motor sættes i tilstanden **Run**. Der skal gå 1 sekund mellem hver motor sættes i tilstanden **Starting**, så motorerne ikke starter på samme tid og derved belaster strømforsyningen.

En motor må ikke gå i **Starting** eller **Run**, hvis **AlarmBit** er **TRUE**. En motor skal stoppe straks, hvis **AlarmBit** bliver **TRUE**.

En motor som er stoppet, skal først starte igen, når alle motorer skal startes.

11 Forskellige komplekse opgaver

Dette kapitel indeholder flere forskellige typer af opgaver inden for programmering til en PLC. Mange af opgaverne er komplekse og kræver en del erfaring og er derfor mest egnet til den erfarne PLC programmør, der ønsker flere udfordringer. Nogle af opgaverne kræver specifikation, valg af komponenter og vurdering af programdesign.

11.1 Hastighedsmåling af lastbiler

I den virksomhed hvor du er i praktik, er der mange lastbiler som kører for hurtigt. Derfor får du en opgave, hvor du skal skrive et PLC program, der kan måle den aktuelle hastighed på hver lastbil og tælle hvor mange lastbiler der kører for hurtigt.

Beskrivelse

Den aktuelle hastighed måles med to sensorer og den målte hastighed skal vises på et stort display. Herunder er en illustration:

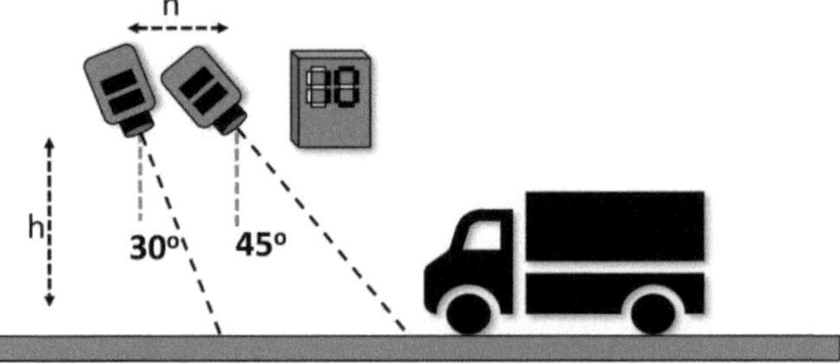

Afstanden fra fronten af lastbilen til de to sensorer er højden **h**, hvor **h** er 4 meter.

Afstanden mellem de to sensorer er **n**, hvor **n** er 0,5 meter.

De to sensorer er placeret med en vinkel på henholdsvis 30 grader og 45 grader i forhold til lodret.

Hver sensor giver et **TRUE** signal, når lastbilen er indenfor området hvor sensoren måler. Dette er markeret med en stiplet linje på illustrationen ovenover.

Visning af hastighed

For at vise hvor hurtigt en lastbil kører benyttes et stort display. Dette display består af to stk. 7-segment display.

Et 7-segment display kan med 7 lamper (LED pærer) vise tal fra 0 til 9:

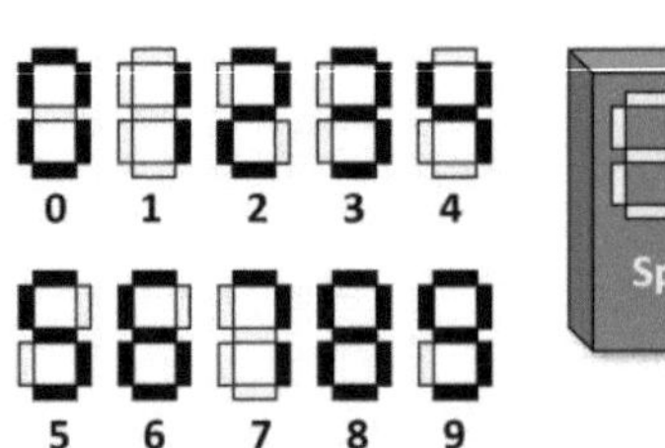

Hvis der er lys i alle lamper i et 7-segment display, vises således et 8 tal.

Når der benyttes to stk. 7-segment, kan der vises tal mellem 0 og 99. Eksemplet ovenover viser således tallet 10.

Der er desuden et lille betjeningspanel, der indeholder følgende:

On Off

Manuel omskifter til at tænde og slukke for styringen og det store display.

Manuel omskifter som bruges til at skifte mellem visning af hastigheden i enheden [km/t] eller [mph].

Analog dreje potentiometer, som bruges til at indstille den max. hastighed en lastbil må køre.

Når der drejes på potentiometeret, vises max. hastigheden i displayet, så brugeren kan se hvilken max. hastighed der er indstillet. Efter 10 sekunder slukker displayet, men max. hastighed er stadig gemt i PLC programmet.

Der kan indstilles en værdi mellem 0 og 99.

Hvis lastbilen kører hurtigere end max. hastighed skal begge tal i 7-segment displayet blinke, så lastbilens chauffør bliver opmærksom på, at der køres for hurtigt.

Hver gang en lastbil har kørt for hurtigt, skal en intern tæller i PLC programmet registrere dette, så det er muligt at se antallet af lastbiler der har kørt for hurtigt.

Dette er en manuel trykkontakt, som bruges til at vise hvor mange lastbiler, der har kørt for hurtigt.

Ved tryk på kontakten, vises det antal lastbiler som er kørt for hurtigt. Antallet vises i det store display.

Holdes kontakten nede i 10 sekunder nulstilles (resettes) den interne tæller til 0 (nul).

Hvis antallet af lastbiler som har kørt for hurtigt, er større end 99, vises 99.

Du skal i denne opgave selv definere passende navne til variabler (TAGS).

Opgave
Skriv et PLC program ud fra beskrivelsen.

11.2 Styring af pumpehastighed med PWM

En hastighed på en pumpe **M1** skal styres fra en PLC. Dette gøres med et digitalt signal fra PLC, da pumpen ikke har en analog indgang eller mulighed for en Fieldbus forbindelse. Det digitale signal er en billig måde at få en PLC til at styre en pumpe. Pumpen er en cirkulationspumpe som bruges til at pumpe vand i f.eks. varmeinstallationer i bygninger.

Metoden der benyttes til at styre hastigheden på pumpen kaldes PWM (Dansk: Puls bredde modulation, engelsk: **P**ulse **W**idth **M**odulation). Det betyder at pulsbredden på det digitale signal ændres, når hastigheden skal ændres. Dette er vist herunder med tidsdiagrammerne ❶ til ❺:

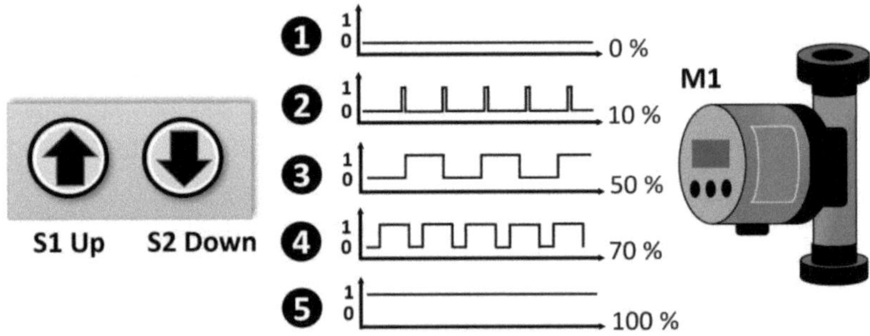

Tidsdiagrammet herover viser:

❶	Hvis det digitale signal fra PLC er 0 (**FALSE**) hele tiden, er pumpen stoppet.
❷	Her er signalet i 10% af tiden 1 (**TRUE**). Dette betyder at pumpen kører 10% af den maksimale hastighed.
❸	Her kører pumpen halv hastighed af den maksimale hastighed.
❹	Her kører pumpen 70% af den maximale hastighed.
❺	Hvis det digitale signal er 1 (**TRUE**) hele tiden, kører pumpen maksimum hastighed.

Brugerbetjening

Til at ændre hastigheden skal PLC benytte to manuelle trykkontakter **S1** og **S2.** Når der trykkes på trykkontakten **S1** skal hastigheden stige, for til sidst at have den maksimale på 100%. Når der trykkes på **S2** skal hastigheden reguleres ned, for til slut at være 0%, hvor pumpen er helt slukket.

Opgave

Skriv et PLC program ud fra beskrivelsen.

11.3 Transportbånd med vigepligt

I denne opgave skal du udvikle en PLC styring, der kan styre tre transportbånd.
Der er et hovedtransportbånd **M1** og **M2**, samt et sidetransportbånd **M3.**

Illustration:

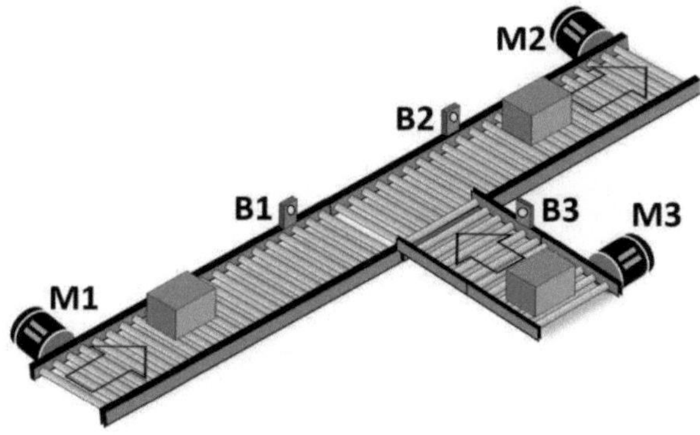

Beskrivelse
Hvert transportbånd er styret af en motor. Motor kører når den får et digitalt signal **TRUE** fra PLC og motoren er stoppet, når det digitale signal er **FALSE.**

Hvert transportbånd er udstyret med en sensor som giver et **TRUE** signal, når der er en pakke ud for sensoren. Når der ingen pakke er ud for sensoren giver sensoren et **FALSE** signal.

De tre motorer er indstillet til at køre samme hastighed.

Opgave
Pakkerne fra sidetransportbånd **M3** skal ind på hovedtransportbåndet, uden at pakkerne støder sammen med en pakke som er på vej fra transportbånd **M1** til transportbånd **M2**.

Skriv en styringsspecifikation, som beskriver hvordan PLC styringen skal virke. Den skal indeholde de nødvendige beskrivelser, beregninger og informationer, som der direkte kan skrives et PLC program ud fra.

Skriv dernæst et PLC program ud fra styringsspecifikationen.

11.4 Centrifuge med rampestyring

En centrifuge skal styres fra en PLC. En centrifuge er en beholder som drejer hurtig rundt, og benyttes ofte i industrien til at separere (adskille) væsker. Den virker på samme måde, som når en vaskemaskine til tøj centrifugerer, for at fjerne vand fra vasketøjet.

Illustration:

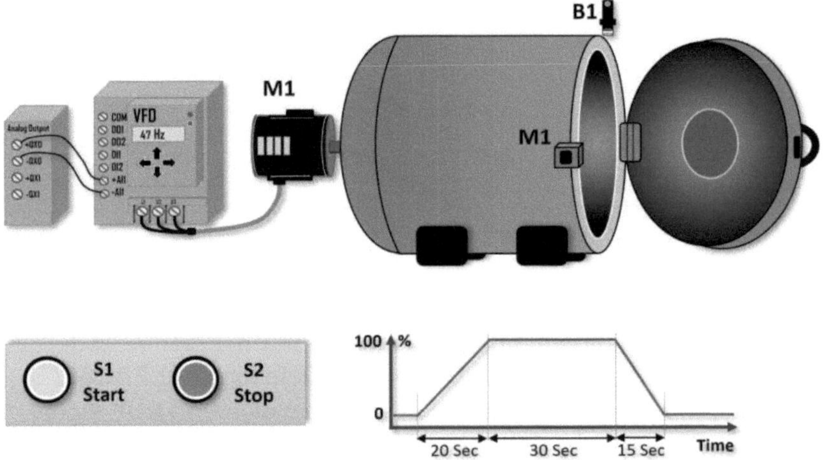

Beskrivelse
En stor motor **M1** benyttes til at rotere centrifugen. Motoren er styret via en frekvensomformer og frekvensomformeren er styret med et analogt signal.

Da centrifugen er stor, er det nødvendigt at benytte en rampe styring, som sørger for at starte rotationen langsomt op og ned. Der skal bruges 20 sekunder for at rotationen er oppe i fuld hastighed. Derefter køres med fuld hastighed i 30 sekunder og tilslut rampes ned i 15 sekunder.

Centrifugen må først starte, når lågekontakten **B1** giver **TRUE** signal og lågelåsen **M1** er sat til **TRUE.**

Når centrifugen er stoppet, sættes lågekontakten til **FALSE**, så lågen kan åbnes.

Brugerbetjening
Til at starte centrifugen benyttes **S1**. Centrifugen stopper selv efter 65 sekunder.
Til en hver tid kan centrifugen stoppes med **S2.** Der skal rampes ned, hvis der bliver trykket på **S2**, da en centrifuge kan gå i stykker hvis den stopper straks.

Opgave
Skriv et PLC program ud fra beskrivelsen.

11.5 Parkeringshus med visionkamera

Et moderne parkeringshus bruger bilens nummerplade, til at beregne hvad det koster at holde parkeret.

Beskrivelse

Systemet hedder nummerpladegenkendelse og er et moderne og brugervenligt alternativ til traditionelle bomsystemer til parkeringshuse. Systemet har de samme fordele som et traditionelt bomanlæg, men bommen er skiftet ud med et kamera. Dette bevirker at bilisten kan køre direkte ind i parkeringshuset uden at skulle vente ved en bom, hvor der skal trækkes en billet. Udkørsel er også uden ventetid.

På engelsk hedder det **ANPR** (Automatic Number-Plate Recognition).

Illustration af et typisk parkeringshus:

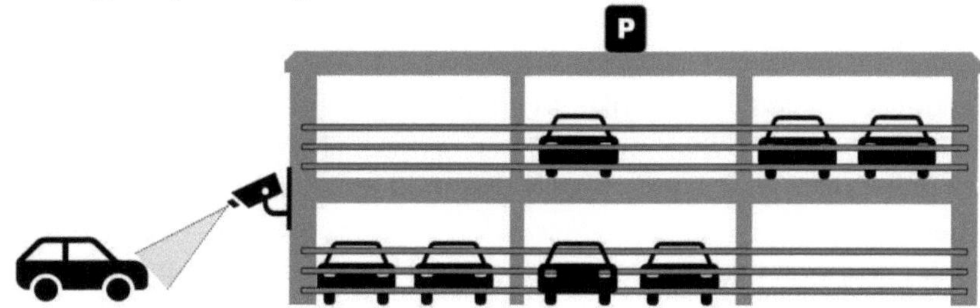

Ved indkørsel aflæses nummerpladen med et kamera. Herefter finder bilisten en ledig plads i parkeringshuset.
Inden bilen forlader parkeringshuset, skal bilisten betale for parkeringen ved en billetautomat.

Betaling

De første 30 minutters parkering er gratis, herefter betales 1 kr. pr minut, dog mindst 10 kr. Tiden starter fra det tidspunkt, hvor kameraet "ser" nummerpladen på bilen som er på vej ind i parkeringshuset. Tiden slutter, når bilisten har betalt for parkeringen.
Når bilisten har betalt, skal parkeringshuset forlades inden 15 minutter. Der er et kamera ved udkørsel som registrerer når bilisten har forladt parkeringshuset.
Hvis bilisten ikke har betalt efter 24 timer, skal der betales 500 kr.
Der er 100 pladser i parkeringshuset.
Nummerpladen aflæses med et kamera, og kameraet er forbundet til PLC via en Fieldbus. Teksten fra nummerpladen findes i en **STRING** variabel.
Der er en HMI på billetautomaten, hvor bilisten kan betale for parkering.

Opgave

Udarbejd et program design og forslag til HMI.
Skriv derefter et PLC program til parkeringshuset.

11.6 Opsamling af spildevand fra fabrik

Denne opstilling består af palletanke der bruges til at opsamle giftigt spildevand fra en fabrik. Opstillingen er som vist herunder:

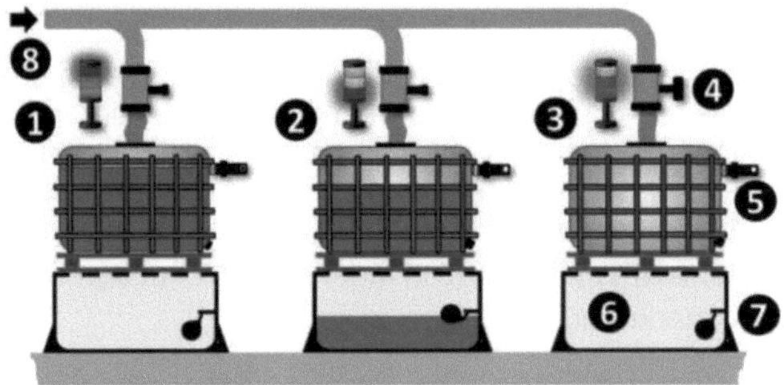

Beskrivelse

Spildevandet opsamles i palletanke så spildevandet kan transporteres hen til et renseanlæg, som kan rense vandet forsvarligt og miljøvenligt.

Der er tre palletanke (1, 2 og 3), som fyldes med spildevand fra et fælles rør (8).

Opstillingen viser:

Tank (1) er helt fuld, tank (2) har væske i overløbskar og tank (3) er tom.

En ventil (4) over hver palletank er åben, hvis palletanken skal modtage spildevand.

Der fyldes kun én palletank ad gangen.

Hver palletank har en sensor (5) monteret på siden, som registrer om palletanken er fyldt med spildevand. Sensoren er en Normally Closed (NC) kontakt. Når palletanken er fyldt, skal ventil (4) lukke så der ikke fyldes mere spildevand i palletanken.

Opsamlingskar

Under hver palletank er et opsamlingskar (6), som bruges til at opsamle spildevand, hvis palletanken er utæt. Opsamlingskar har en flydevippe (7) som er en Normally Closed (NC) kontakt. Hvis flydevippen registrerer væske, skal ventilen (4) lukke, så der ikke fyldes mere spildevand i palletanken.

Lampetårn

Hver palletank har et tilhørende signaltårn med tre lamper, som betyder:

Lys når ventilen er lukket og palletanken er fyldt og kan afhentes.
Lys når ventilen er åben og tanken fyldes med spildevand.
Lys når der er væske i opsamlingskaret.

Du skal selv designe et betjeningspanel (HMI) og definere variabel navne (TAGS).

Opgave

Skriv et PLC program der opfylder de ønskede krav.

11.7 Styring af flere transportbånd

I denne opgave skal du designe og skrive et PLC program til et lille anlæg, der består at tre transportbånd, som bruges til transport af paller.

Illustration af det lille anlæg:

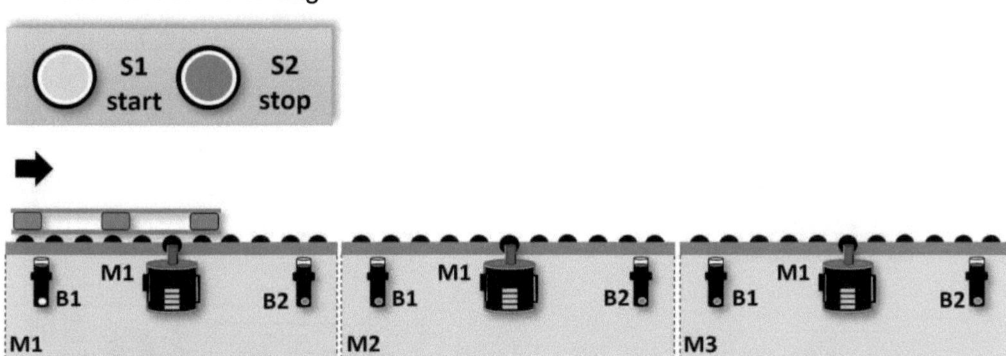

Modul opbygget transportbånd

De tre transportbånd er ens opbygget med en motor **M1**, som driver transportbåndet og to sensorer **B1** og **B2**. Motoren kører med konstant hastighed, når der er **TRUE** signal på **M1**. De to sensorer giver hver især et **TRUE** signal, når der er en palle lige over sensoren. Transportbåndene er helt ens opbygget, for at gøre udbygningen af hele anlægget modulært og for at spare omkostninger.

Energi sparer funktion

For at spare energi skal et transportbånd kun køre når der er en palle at flytte. Dette betyder at et transportbånd først skal starte på en positiv flanke fra sensor **B2** og forrige transportbånd skal stoppe, på en negativ flanke fra sensor **B1**.

Start og stop af anlæg

Alle tre transportbånd styres fra en fælles PLC. Det lille anlæg sættes i drift med den manuelle trykkontakt **S1** og stoppes med stopkontakten **S2.** Når der trykkes på stopkontakten **S2** skal alle transportbånd stoppe. Det skal være muligt at fortsætte driften efter tryk på startkontakten **S1** selvom en palle befinder sig midt mellem sensor **B1** og **B2** på et transportbånd.

Opgave

Design og skriv et PLC program til at styre det lille anlæg.

11.8 Programmering af vaskemaskine

I denne opgave skal du udvikle en styring til en vaskemaskine som kan vaske tøj:

Her er et tværsnit af vaskemaskinen:

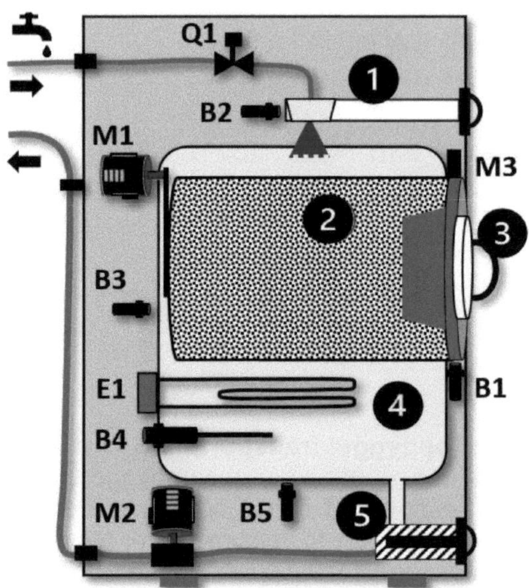

Forklaring til numrene på tegningen:

❶	Sæbeskuffe, som indeholder sæbe til én vask. Sæbeskuffen trækkes ud, når der skal fyldes nyt sæbe i. Når sensor **B2** giver **TRUE** signal er sæbeskuffen lukket korrekt og vaskemaskinen kan startes. Når **Q1** får **TRUE** signal er ventilen åben. Det betyder at det rene vand kan løbe ned gennem sæbeskuffen og skylde sæben ned i tromlen.
❷	Dette er tromlen hvor det beskidte tøj anbringes.
❸	Dette er lågen til tromlen. Sensor **B1** giver **TRUE** signal når lågen er lukket. Motor **M3** låser lågen, så lågen ikke kan åbnes når vaskemaskinen er i drift. Motor **M1** må ikke starte, hvis **B1** giver **FALSE** signal (låge åben).
❹	Område fyldt med vand når vaskemaskine vasker. Når ventil **Q1** får **TRUE** signal, kommer der vand ind i vaskemaskinen. Niveau sensor **B5** giver **TRUE** signal, når der ingen vand er i tromlen. Niveau sensor **B3** giver **TRUE** signal, når tromlen er fyldt med vand. Motor **M2** pumper det beskidte vand ud i kloakken.
❺	Et rensefilter, der sikrer at store partikler i det beskidte vand tilbageholdes og ikke ødelægger pumpen **M2**.

Varmeelement:
Vandet i tromlen varmes med et varmelement **E1**.
En temperatur sensor **B4** måler temperaturen i vandet.
Varmelementet må kun være tændt, hvis sensor **B3** registrerer vand (giver et **TRUE** signal), da manglende vand kan skade varmelementet.

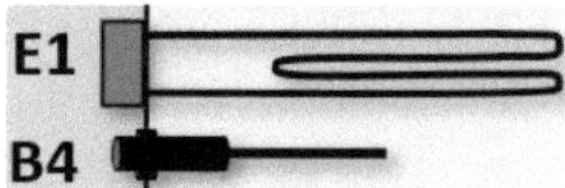

Tromlemotor:
En motor **M1** trækker vasketromlen rundt, så tøjet i tromlen kan blive vasket. Motoren kan køre forskellige hastigheder samt frem og tilbage, så tøjet bliver grundigt rent og centrifugeret (motor kører hurtigt rundt). Motoren **M1** må kun starte, hvis lågen er lukket.

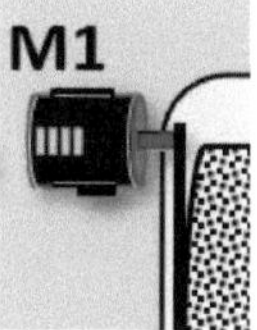

Vaskeprogrammer:
Der skal være følgende vaskeprogrammer:

Program	Navn	Temperatur	Max RPM	Tid i minutter
1	Normal vask	40	1400	120
2	Kogevask	60	1600	150
3	Fin vask	30	800	60
4	ØKO-program	40	1200	120
5	Skylning	-	1000	10
6	Hurtig vask	40	1600	30
7	Udpumpning	-	-	-

Hvor RPM betyder **R**evolution **p**er **m**inute, (Omdrejninger pr. minut).

Alarmovervågning:
Der skal være følgende alarmer:

Alarm	Tekst	Beskrivelse
A01	Ingen vand	Ventil **Q1** er åben, men efter et stykke tid kommer der ingen **TRUE** signal på niveau sensor **B3**.
A02	Varme fejl	Varmeelement **E1** er tændt, men temperatur sensor **B4** registrerer ingen temperaturstigning.
A03	Pumpe fejl eller filter fejl	Pumpe motor **M2** er tændt, men efter et stykke tid registrerer niveau sensor **B5** stadig vand.
A04	Sensor fejl	Niveau sensor **B3** registrerer vand, men det gør niveau sensor **B5** ikke.

Du skal selv designe og beskrive betjeningspanel (HMI), hvor brugeren kan vælge vaskeprogram samt starte og stoppe vaskemaskinen. Det skal også være muligt at se alarmerne på betjeningspanelet.
De elektriske signaler til motor **M1** skal du selv definere og beskrive.

Opgave
Design et PLC program og skriv herefter PLC programmet til vaskemaskinen.

11.9 PLC program til sprøjtestøbemaskine

I denne opgave skal du skriv et PLC program til en sprøjtestøbemaskine:

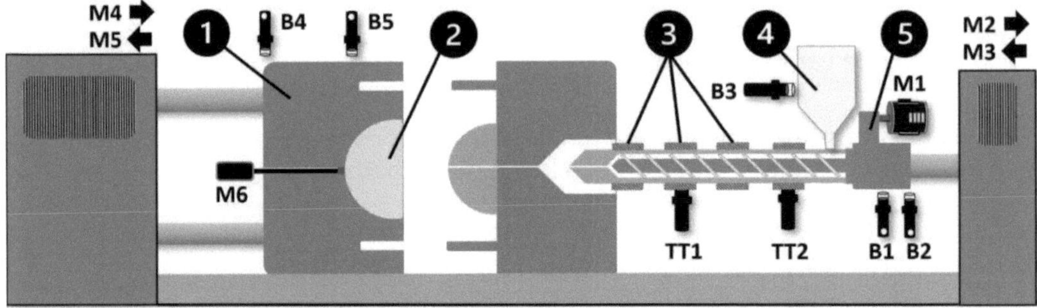

Maskinen er en simpel udgave af en rigtig sprøjtestøbemaskine, da en rigtig sprøjtestøbemaskine ofte har flere sensorer og mekaniske dele end der vist på tegningen ovenover.

Plastskål
Maskinen bruges til at støbe en rund plastskål som denne (snit gennem skål):

For at støbe en plastskål, skal der bruges små plast stykker (plastgranulat) som fyldes i beholderen ❹. Varmeelementer ❸ opvarmer og smelter de små plaststykker, så plasten bliver en flydende masse. Indsprøjtningsenheden ❺ bruges til at sprøjte den flydende plastmasse ind i støbeformen ❷.

Operatørpanel
Maskinen har et operatørpanel som bruges til at betjene maskinen:

Ved tryk på startkontakten **S1** skal maskinen starte.

Ved tryk på stopkontakten **S2** skal maskinen stoppe, og der skal udføres følgende så maskinen kommer tilbage til startpositionen:

1) Støbeformen ❶ skubbes til venstre.
2) Motor **M1** der styrer snekkesneglen stoppes.
3) Indsprøjtningsenheden ❺ skubbes til højre.

Beskrivelse af maskinen:

Nr.	Beskrivelse
❶	Bevægelig støbeform. Hele den bevægelige støbeform kører frem mod højre, når signal **M4** er **TRUE** og tilbage når **M5** er **TRUE**. **M4** og **M5** må ikke være **TRUE** på samme tid. Hvis der er **TRUE** signal fra sensor **B4** er støbeform skubbet helt til venstre. Hvis der er **FALSE** signal fra sensor **B5** er støbeform skubbet helt til højre og klar til en ny støbning.
❷	Dette er støbeformen, som skal fyldes med flydende varm plast. Når den flydende plast er nedkølet og størknet efter 30 sekunder, kan plastskålen løsnes fra støbeformen med en elektrisk dorn **M6**.
❸	Elektrisk varmeelement der opvarmer og smelter plastgranulat. Temperaturen måles med to sensorer **TT1** (temperatur transmitter) og **TT2**. Begge sensorer skal måle 200 grader C° for at plasten er smeltet og selve støbningen må starte.
❹	Beholder til plastgranulat. Hvis der ikke er nok plastgranulat i beholderen vil sensor **B3** give et **TRUE** signal, og maskinen skal stoppe. Maskinen må ikke startes før der fyldes mere plastgranulat i beholderen.
❺	Indsprøjtningsenheden kan skubbes frem mod støbeformen med motor **M3** og tilbage med motor **M2**. En motor **M1** driver en snekkesnegl, som presser den flydende plast ind i støbeformen.

Herunder er vist de trin (step), som skal gennemføres for at støbe en plastskål:

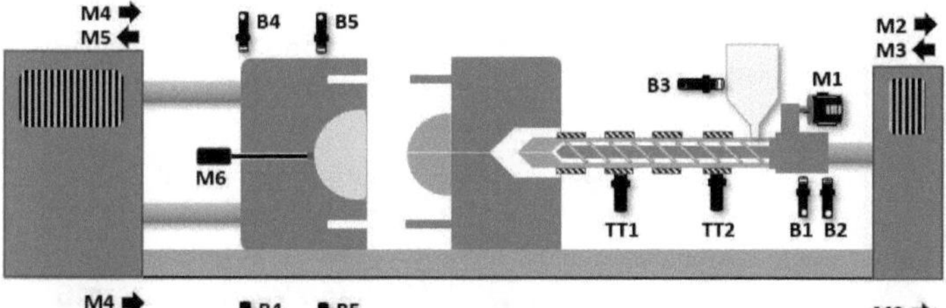

Maskinen er klar til start, når den manuelle start kontakten **S1** på operatør panel aktiveres.

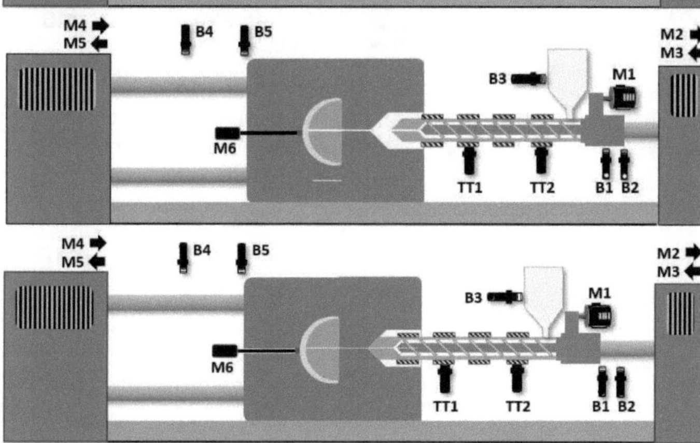

Den bevægelige støbeform skal skubbes helt til højre med motor **M4**, så støbeform er helt lukket.

Støbeformen er på plads når sensor **B5** giver et **FALSE** signal.

Indsprøjtningsenheden skubbes ind til støbeformen med motor **M3**.

Sensor **B1** giver et **FALSE** signal når indsprøjtningsenheden er helt inde.

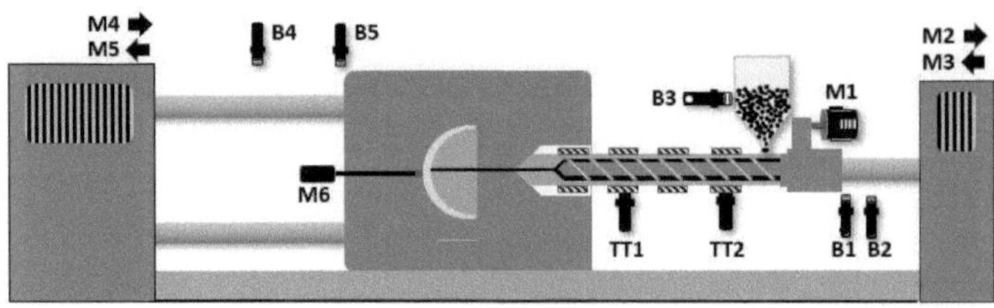

Der er nu kommet plastgranulat i beholderen.

Plastgranulat falder ned i indsprøjtningsenheden og opvarmes så det smelter. Den flydende plast trykkes ind i støbeformen med en snekkesnegl som er styret af motor **M1**.

Efter 10 sekunder er støbeformen helt fyldt.

Snekkesneglen som er styret af motor **M1** stoppes.

Indsprøjtningsenheden køres tilbage med **M2**.

Sensor **B2** giver **TRUE** signal når indsprøjtningsenheden er helt tilbage igen.

Når plasten er størknet, skal den bevægelige støbeform, køres til venstre med motor **M5**.

Sensor **B4** giver et **TRUE** signal når støbeformen er kørt helt til venstre.

Med en elektrisk dorn **M6** trykkes den færdige plastskål ud af støbeformen.

M6 skal have **TRUE** signal i 2 sekunder for at trykke plastskålen ud.

Opgave

Skriv et PLC program til støbemaskinen.

11.10 Pumpestation med tre pumper (alternerende drift)

I denne opgave skal du skrive et PLC program til en pumpestation med tre pumper:

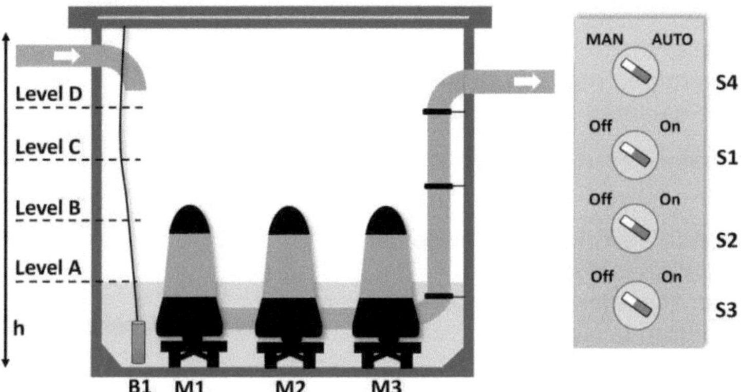

Beskrivelse

Pumpestationen indeholder tre neddykkede pumper (**M1**, **M2**, **M3**), en analog niveausensor **B1** og et betjeningspanel.
Højden af pumpebrønden er angivet med højden **h** og kan sættes til 6 meter. Den analoge niveausensor **B1** har således et måleområde på 0 til 6 meter vandsøjle.
Betjeningspanelet har en drejeomskifter **S4** for manuel eller automatisk drift.

Manuel drift

Pumperne kan slukkes eller tændes individuelt med drejeomskifterne **S1**, **S2** eller **S3**.

Automatisk drift

Drejeomskifteren skal stå i "on" stilling, hvis pumpen skal indgå i automatisk drift.

Automatisk drift

Pumper skal tænde og slukke alt efter niveauet i pumpestationen. Niveauet måles med sensor **B1**. Det betyder at:
Hvis niveauet i pumpestationen er under **Level A** skal alle pumper være slukket.
Når niveauet i pumpestationen stiger fra **Level B** til **Level C** eller fra **Level C** til **Level D**, skal der tændes en pumpe mere. Således at når niveauet i pumpestationen er over **Level D** skal alle pumper være i drift.
Når niveauet falder fra **Level C** til **Level B** eller fra **Level B** til **Level A**, skal der slukkes en pumpe. Dette betyder at det undgås at en pumpe stopper kort tid efter den lige er startet (dette kaldes hysterese).
Desuden skal der køres med alternerende drift, så pumper skal starte på skift og slukke på skift når niveauet i pumpestationen ændres. Desuden skal der være 24 timers alternerende drift.

Opgave

Skriv et PLC program ud fra beskrivelsen.

11.11 Udvikling af PLC styring til en elevator

Virksomheden SmartElevator aps udvikler og leverer små elevatorer.

Du er netop hyret ind som konsulent og skal hjælpe virksomheden med at udvikle en PLC styringen til en elevator.

En typisk elevator ser ud som den vist til højre:

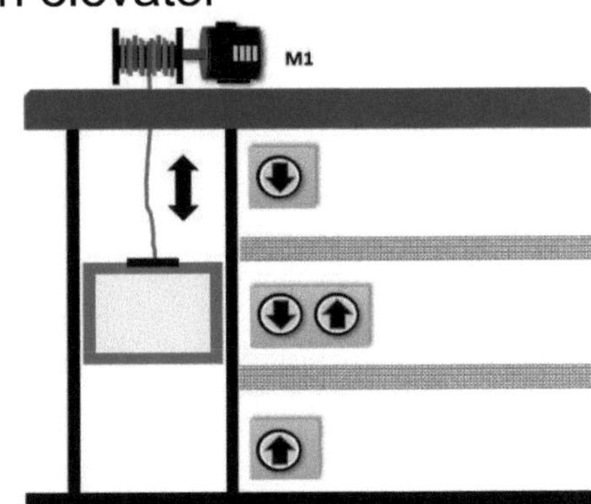

Opgaver

1) Find passende elektriske komponenter og sensorer til at styre elevatoren.
2) Udarbejd en styringsspecifikation.
3) Skriv et program til elevatoren.

11.12 Udvikling af en styring til mobile trafiklys

Denne opgave består af at udvikle et PLC program til mobile trafiklys, der kan bruges ved vejarbejde.

Der skal altid bruges to stk. mobile trafiklys til vejarbejde.

Opgave

Skriv en styringsbeskrivelse som skal også indeholde en beskrivelse af de elektriske komponenter du har valgt at bruge.
Da der normalt bruges to mobile trafiklys sammen, når der er vejarbejde, skal der være en beskrivelse af, hvordan brugeren får synkroniseret de to trafiklys, så de ***ikke*** har grønt lys på samme tid.
Brugeren skal have mulighed for at indstille længden på den tid der skal være grønt/rødt, da de mobile trafiklys skal kunne bruges ved forskellige vejlængder.
Du vælger selv en passende betjeningsmulighed og datakommunikation mellem de to mobile lystrafiklys.
Skriv herefter et PLC program, som kan bruges til de to mobile trafiklys.

11.13 Palletering med XY-robot styret fra en PLC

I denne opgave skal du udvikle et PLC program til et anlæg der sætter kasser på en palle.

Kasserne kommer på et transportbånd styret af **M1**.

Når sensor **B1** giver **TRUE** signal skal kassen flyttes til pallen. Til at flytte en kasse bruges en XY-robot.

Der skal flyttes 12 kasser i alt.

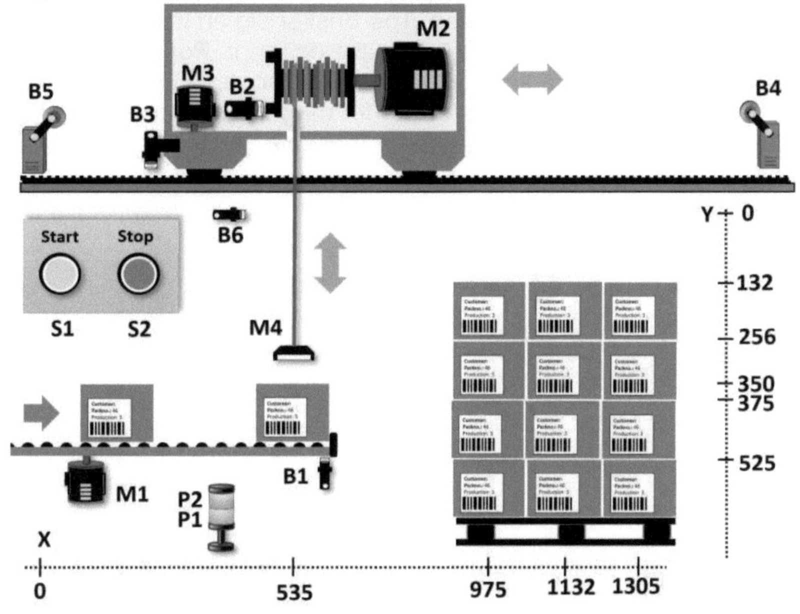

Beskrivelse af komponenterne:

Navn	Komponent	Beskrivelse
S1	Kontakt	Start kontakt (NO), Start palletering af kasser.
S2	Kontakt	Stop palletering (NC).
B1	Sensor	Giver **TRUE** signal, når en kasse kan afhentes fra transportbåndet.
B2	Sensor	Encoder på hejseværk. Positioner er angivet på Y-akse.
B3	Sensor	Encoder til x-retning. Positioner er angivet på X-akse.
B4, B5	Sensor	Mekanisk endestopkontakt (NC).
B6	Sensor	Home position for Y-akse positioner.
P1	Lampe	**TRUE** (lys) når anlægget er i drift (flytter kasser).
P2	Lampe	**TRUE** (lys), når anlæg ikke er i drift.
M1	Motor	Motor til transportbåndet, som leverer kasserne.
M2	Motor	Motor til hejseværk.
M3	Motor	Motor som kører hejseværket i x-retning.
M4	Motor	Motor ventil. Ved **TRUE** signal er der vakuum sug til løft af en kasse.

En XY-robot kaldes også for en gantry robot eller en cartesian robot.

Opgave

Skriv en styringsspecifikation og dernæst et program til at flytte kasserne til pallen.

11.14 Pakning af fisk på fiskefabrikken

Virksomheden **Fiskefabrikken Aps** ønsker sig en maskine der kan pakke fisk i poser. Fiskene er forskellige i størrelse og vægt. Poserne skal veje det samme, og derfor vil der ofte ikke være ens antal fisk i poserne. Hvis der er for lidt vægt i posen, vil forbrugerne klage og hvis der er for meget vægt i posen tabes der penge. Udfordringen består i at designe en maskine, der kan sikre det korrekte antal fisk i hver pose.

Illustration af maskinen:

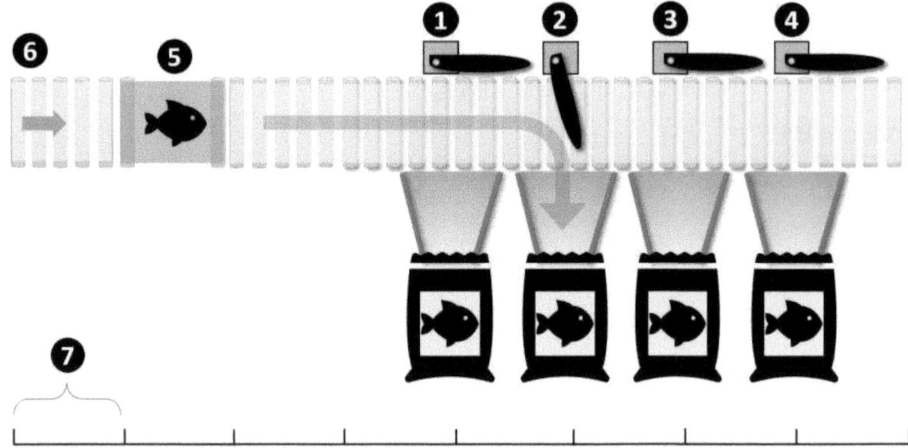

Beskrivelse

Fisken lægges på transportbåndet ved ❻.

Herefter transporteres fisken til en vægt ❺, hvor fisken bliver vejet.

Efter fisken er vejet, transporteres fisken videre til en elektrisk bevægelig arm ❶❷❸❹, hvor en af disse arme skubber fisken i den pose hvor der er plads.

Maskinen skal give signal til en operatør når en pose er fyldt med fisk, så operatøren kan fjerne posen. PLC-programmet skal have besked på, når en fyldt pose er fjernet og en ny tom pose er monteret og klar til at modtage fisk.

Afstanden ❼ er 0.5 meter.

Det forudsættes at der kun er én fisk på transportbåndet ad gangen!

Udvalgte data for maskinen:

Beskrivelse	Data	Enhed	Bemærkning
Fisk, størrelse	125 - 225	[g]	
Vægt, måleområde	0 – 0.5	[kg]	Usikkerhed på måling -/+ 1% Båndmotoren skal stoppe ved måling.
Vægt, kalibrering	24 2	V s	Digitalt signal input på vægt. Den tid det tager at kalibrere vægten.
Båndmotor Ramp Up time Ramp Down time Rulle diameter	0 – 2000 500 500 30	RPM ms ms cm	Hastighed og rampe tid indstilles (konfigureres) direkte på frekvensomformeren. Fra stop til max hastighed. Fra max hastighed til stop.
Posestørrelse Tolerance, min Tolerance, max	2.0 2.0 2.05	Kg Kg Kg	
Bånd hastighed	4	Km/h	

Opgaver

Der er følgende spørgsmål som ønskes besvaret:

1) Hvor mange fisk kan man forvente i hver pose?
2) Hvilken RPM (omdrejningshastighed) skal der indstilles på den frekvensomformer der styrer transportbåndet?
3) Hvor lang tid vil det tage (ca. sekunder) fra der lægges en fisk på transportbåndet til den er i en pose?
4) Hvor mange poser kan maskinen pakke på en time?
5) Hvordan mener du operatoren skal have besked om at en pose er fyldt?
6) Hvor lang tid skal fisken være på vægten?
7) Hvilke typer signalindgange og signaludgange er der behov for til en PLC til maskinen?
8) Tegn et rutediagram, der viser de step en fisk skal gennemgå for at komme i en pose.
9) Hvilken type PLC programmeringssprog vil være bedst at bruge?
10) Hvordan er det muligt at teste PLC programmet uden brug af rigtige friske fisk med forskellig vægt?
11) Ud fra dine svar på spørgsmålene skal du designe og skrive et PLC program til maskinen med en passende brugerbetjening.
12) Udarbejd et FAT dokument og test dit PLC program.

11.15 Styring af selvkørende mobilrobotter på en fabrik

I denne opgave skal du udvikle en PLC styring der kan styre to mobilrobotter, der har til opgave at køre pakker fra arbejdsborde til lageret.

Oversigt over fabriksgulv:

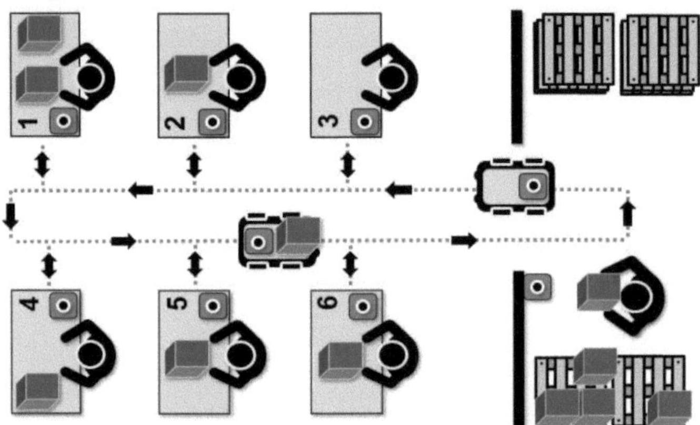

Beskrivelse

Der er seks arbejdsborde, hvor medarbejdere fylder varer i kasser. Når en kasse er klar til afhentning ved et arbejdsbord, trykker medarbejderen på en trykkontakt ved arbejdsbordet. Trykkontakten giver signal til en PLC, der sørger for at pakken afhentes af den næste ledige mobilrobot. Når PLC har modtaget beskeden, kommer der lys i trykkontakten ved arbejdsbordet, så ved medarbejderen at beskeden er modtaget. Lyset skal slukke igen, når pakken er afhentet.

Når en mobilrobot er ankommet til arbejdsbordet, anbringer medarbejderen kassen på mobilrobotten og trykker på en trykkontakt på mobilrobotten så den ved, at den skal køre på lageret med en pakke.

På lageret stopper mobilrobotten. En lagermedarbejder tager pakken fra mobilrobotten og trykker på en trykkontakt på væggen, så ved mobilrobotten at den kan tage næste tur.

De to mobilrobotter kører en fastlagt rute og hvis en mobilrobot er stoppet ved et arbejdsbord, kan den anden mobilrobot køre forbi.

Forudsætninger til opgaven

Der kan være op til 15 afhentninger i kø.

En mobilrobot bruger her i opgaven 20 sekunder på at køre fra lageret og tilbage til lageret med en pakke.

En medarbejder kan godt bestille flere afhentninger, kort tid efter hinanden.

Opgave

Skriv et PLC program der kan styre køen til afhentning af pakker.

11.16 FIFO og den lille fabrik

Der er følgende lille fabrik bestående af fire maskiner og transportbånd:

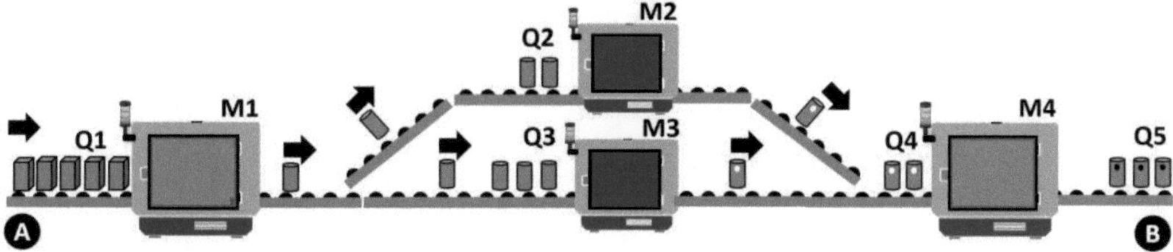

Specifikation

Maskinerne **M1**, **M2**, **M3** og **M4** behandler ét emne ad gangen.
Maskine **M1**: Kan behandle op til 15 emner pr. minut.
Maskine **M2**: Kan behandle op til 6 emner pr. minut.
Maskine **M3**: Kan behandle op til 8 emner pr. minut.
Maskine **M4**: Kan behandle op til 12 emner pr. minut.
Transporttid for emner mellem **M1** og **M2/M3** er 8 sekunder.
Transporttid for emner mellem **M2/M3** og **M4** er 6 sekunder.

Beskrivelse

Emnerne lægges på transportbåndetet af en operatør ved (A). Emnerne kommer derefter i kø (**Q1**) foran maskine **M1**. Maskinen **M1** tager selv et nyt emne fra køen **Q1**. Maskine **M3** og maskine **M2** udfører ens opgaver. Når emner kommer ud af maskine **M1** skal de fordeles mellem maskine **M2** og **M3**. Tag selv stilling til hvilken fordeling der er optimalt.
Til slut bliver alle emner færdig behandlet af maskine **M4**.

Kø system

Da maskinerne ikke kan behandle det samme antal emner pr. minut, er der foran hver maskine behov for en FIFO (First In First Out) buffer (kø), så emnerne kan stå i kø inden de kommer i maskinen. Efter maskine **M4** er der også en kø **Q5**, da emner tages af transportbåndet manuelt (B). Når et emne er taget af, skal operatøren trykke på HMI (eller en trykkontakt) for at signalere at emnet er fjernet fra transportbåndet og derved køen (**Q5**).
Hver kø kan max. indeholde 5 emner.

Produktionsnummer

Når et emne lægges på transportbåndet båndet foran maskine **M1** skal emnet have et unikt produktionsnummer. Dette nummer kan enten indtastes via HMI eller det kan genereres automatisk. Dette produktionsnummer skal følge emnerne gennem den lille fabrik.

Opgave

Programmer en løsning på en PLC som simulerer hele den lille fabrik.

11.17 Dataopsamling fra maskine til pivottabel

I denne opgave skal du opsamle data fra en maskine og vise data i en pivottabel. Maskinen er vist til højre:

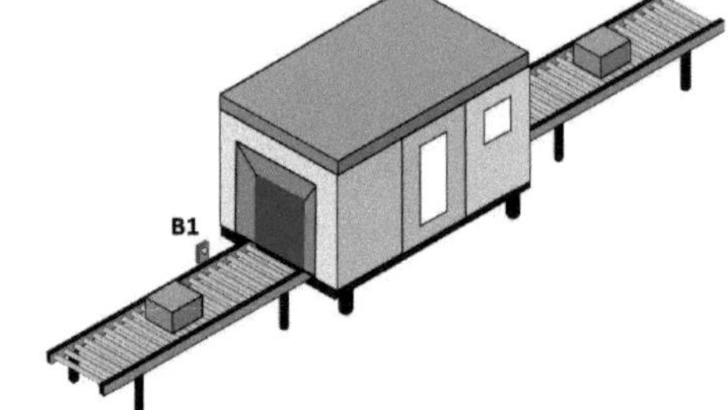

Virkemåde
En sensor **B1** bruges til at registrere en pakke, der er på vej ind i maskinen.

HMI
Viser en pivottabel (søjlediagram) med fem kolonner. Hver kolonne viser antallet af pakker der er kommet forbi sensor **B1** i løbet af et minut. Hver gang der er gået et minut, rykkes kolonner mod venstre så den kolonne som er mere end 5 minutter gammel ikke vises mere. Nyeste kolonne er således den til høje og den kolonne stiger med én, hver gang der kommer en pakke forbi sensor **B1**. Denne kolonne viser således ikke antallet af pakker for et helt minut, men den igangværende tidsperiode.

Illustration af HMI:

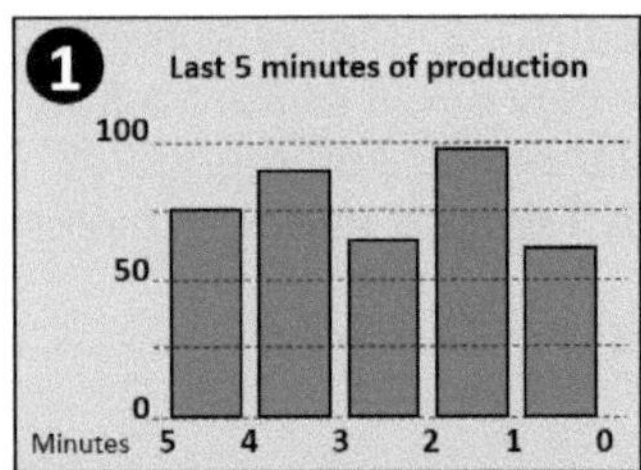

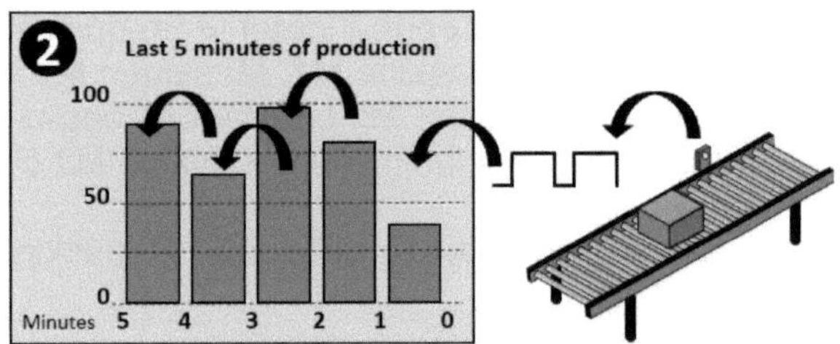

De to illustrationer viser følgende

- ❶ Viser antallet af pakker for de seneste 5 minutters produktion.
- ❷ Her er alle kolonner fra ❶ rykket én plads mod venstre.
  Data fra sensor **B1** tælles i kolonnen til høje.

Data fra PLC til HMI
Kolonnerne til pivottabellen der er konfigureret på HMI er således dynamiske, så højden på kolonnen sættes ud fra den værdi der kommer fra PLC. Værdierne er mellem 0 og 100. De fem kolonner på HMI er navngivet **Col01**, **Col12**, **Col23**, **Col34** og **Col45.** Kolonnen **Col01** bruges således til at tælle kasserne, mens de andre fire kolonner indeholder historiske data.

Opgave
Skriv et PLC program som opsamler data fra **B1** og skriver data til de fem kolonner.

11.18 Dataopsamling fra tre parkeringshuse

I denne opgave skal du designe en løsning som foretager data opsamling fra tre parkeringshuse.
Billede af et typisk parkeringshus:

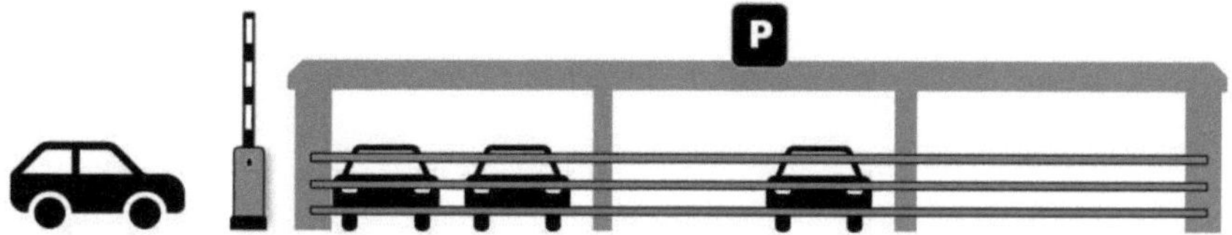

Parkeringshuset er åbent hver dag fra kl. 06:00 til kl. 20:00.

Hvert parkeringshus har sin egen PLC, hvor der foretages lokal dataopsamling. Der er en sensor ved indkørsel og udkørsel, som registrerer når en bil passerer.

Krav til dataopsamling for et parkeringshus:
For hver time skal der registreres:

A) Antallet af biler, som er kørt ind i parkeringshuset den seneste time.
B) Antallet af biler, som er kørt ud af parkeringshuset den seneste time.

For hver dag skal der beregnes (én gang om dagen når parkeringshuset er lukket):

C) Antal biler, der i gennemsnit hver time, er kørt ind i parkeringshuset.
D) Antal biler, der dagligt er kørt ind i parkeringshuset.

PLC skal gemme data for de seneste 2 dage.

Dataopsamling fra parkeringshusene
Hver dag skal data fra punkt C) og D) sendes til en fælles database som er installeret på en PC. Data sendes ved brug af en kommasepareret ASCII-fil (en tekstfil). PLC gemmer således data i en ASCII-fil, som bagefter indlæses i en fælles database.

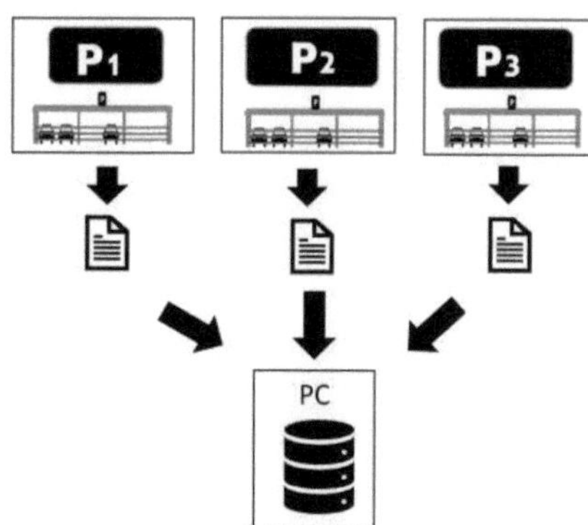

Opgaver

1) Udarbejd et program design forslag for den enkelte PLC, der er i hvert parkeringshus. Dette forslag skal indeholde hvilke **ARRAY** der er behov for og en beskrivelse af hvordan data opsamles og gemmes.
2) Udarbejd et design forslag for den ASCII-fil der bruges til dataopsamling.
3) Skriv et PLC program til hvert af de tre parkeringshuse.

11.19 Pulver mix med batch styring

Denne opgave består i at udvikle en styring til et anlæg, der blander vand med pulver.

Anlægget består af en stor rund blande tank samt fire små tanke (**C1** til **C4**), der hver især kan indeholde forskellige typer af pulver.

Illustration af anlæg:

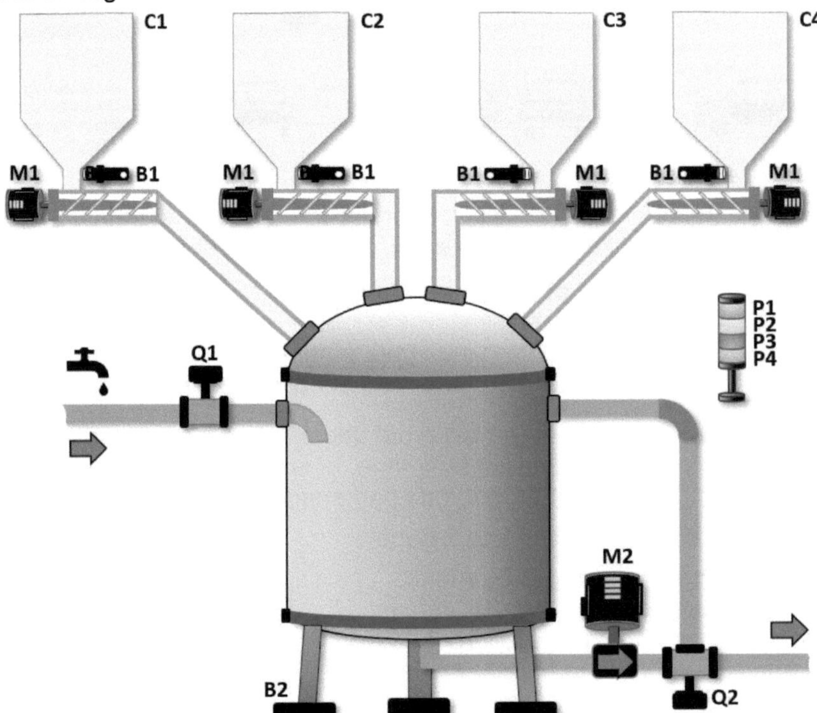

Dosering og kalibrering

Herunder er en tank med pulver:

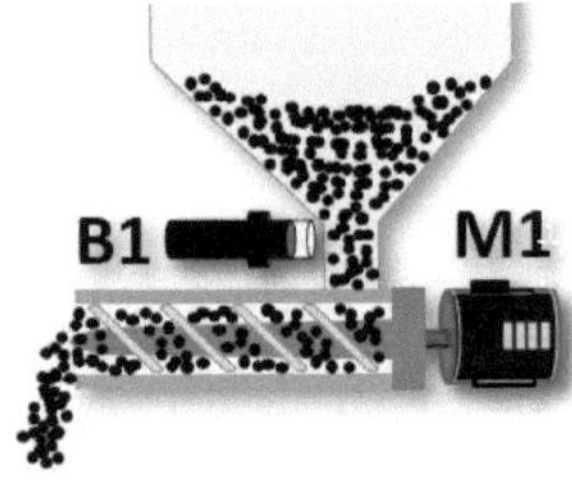

Dosering med pulver er kaliberet. Dette gøres ved at tænde motor **M1** i et sekund (**TRUE** signal til motoren) og veje den mængde pulver der er doseret.

De fire tanke er kaliberet og giver følgende mængde pulver på et sekund:

Tank	Vægt	Enhed
C1	11	gram
C2	9	gram
C3	13	gram
C4	12	gram

Beskrivelse af komponenterne:

Navn	Komponent	Beskrivelse
C1-C4	Tank	Indeholder forskellige typer af pulver.
M1	Motor	Motor til dosering af pulver. Motor er forbundet til en snekkesnegl, som sikrer en jævn dosering af pulver, når motor får **TRUE** signal.
M2	Pumpe	Motor med pumpe. Ved **TRUE** signal er pumpen i drift og funktion afhænger af ventil **Q2**: Når ventil **Q2** har **TRUE** signal, blandes indholdet i tanken. Væsken cirkuleres rundt fra bunden af tanken til toppen af tanken. Dette sikrer at pulver og væske blandes grundigt. Når ventil **Q2** har **FALSE** signal, tømmes tanken.
B1	Sensor	Sensor giver **TRUE** signal, hvis en pulvertank er tom. Anlægget må ikke starte, hvis der skal bruges pulver fra en pulvertank som er tom.
B2	Vejecelle	Tanken er placeret ovenpå en vejecelle. Derfor er det både tanken og indholdet i tanken som vejes. Vejecellen giver et analogt 4-20 mA signal. Måleområde: 0 til 3000 kg. For at kalibrere vægten, sættes den aflæste værdi fra vejecellen til 0 i PLC programmet, når tanken er tom.
Q1	Ventil	Dosering af vand. Ved **TRUE** signal er ventil åben. Mængden af vand der skal bruges til blandingen måles med sensor **B2**.
Q2	Ventil	3-vejs ventil. Ved **TRUE** signal kan indholdet i tanken blandes. Ved **FALSE** signal kan tanken tømmes.
P1	Lampe	Skal være **TRUE** (lys), hvis blandetanken er tom og klar til en ny blanding.
P2	Lampe	Skal være **TRUE** (lys), hvis motor **M2** er i drift og **Q2** er **TRUE**. Indhold i tanken blandes.
P3	Lampe	Skal være **TRUE** (lys), hvis motor **M2** er i drift og **Q2** er **FALSE**. Tanken tømmes for indhold.
P4	Lampe	Skal være **TRUE** (lys), hvis en pulvertank (**C1-C4**) er tom.

Navngivning

Navngivning af tanke med pulver følger ISA-88 standarden og udgør en unit (enhed). Derfor kan komponenterne **B1** og **M1** anføres med unit navn (**C1** til **C4**) foran: F.eks. **C1_B1** og **C1_M1**. Hele anlægget udgør en procescelle.

Tabel med batch mængder

Der er forudbestemt en række standard blandinger med vand og pulver. Tabellen herunder viser hvilke forskellige standard blandinger, der skal kunne vælges på brugerpanelet (HMI):

Batch nr.	Navn	C1	C2	C3	C4	Vand	Mix tid
1	CIP	0	0	0	0	200	120
2	Standard mix	250	50	50	100	1000	300
3	High C1	1000	50	50	100	1000	350
4	Standard small	25	5	5	10	100	100
5	C3-C4 mix	0	0	100	200	500	100
6	Strong	500	500	450	600	1000	500

Batch program nr. 1 er CIP, som betyder **C**lean-**In**-**P**lace og er et rengøringsprogram.

Enheder for mængder

Enheden **C1** til **C4** dosering er i gram [g].
Enheden for vand er i liter [l].
Enheden for mix tid er i sekunder [s].
I opgaven forudsættes det at 1 liter vand vejer 1 kg.

Krav til brugerpanel og HMI

Der er følgende krav til PLC programmet og brugerpanel:

1) Brugeren skal kunne skrive en tekst, der beskriver indholdet i hver pulvertank.
2) Der skal være mulighed for automatisk drift, hvor batch 1 til 6 kan vælges.
3) Der skal være mulighed for manuel drift, hvor komponenter kan betjenes enkeltvis.
4) Det skal være muligt at starte og stoppe anlæg.

Opgave

Ud fra de nævnte krav og beskrivelser:

A) Design et brugerpanel og HMI.

B) Design et program og programmer løsningen i en PLC.

Ekstra opgave

Som ekstra opgave skal brugeren have mulighed for at slette eller tilføje nye batches.

